Geschichte der Physik
an der Universität Heidelberg

GESCHICHTE DER PHYSIK AN DER UNIVERSITÄT HEIDELBERG

Joachim Heintze
Maarten DeKieviet
Jörg Hüfner

HEIDELBERG
UNIVERSITY PUBLISHING

ÜBER DIE AUTOREN

Joachim Heintze (†2012) war von 1964 bis 1991 Professor für Experimentalphysik an der Universität Heidelberg mit Schwerpunkt Elementarteilchenphysik.

Maarten DeKieviet ist Privatdozent und Akademischer Direktor am Physikalischen Institut der Universität Heidelberg.

Jörg Hüfner war von 1973 bis 2003 Professor für theoretische Physik an der Universität Heidelberg mit Schwerpunkt Kernphysik.

Bibliografische Information der Deutschen Nationalbibliothek
Die Deutsche Nationalbibliothek verzeichnet diese Publikation in der Deutschen Nationalbibliografie; detaillierte bibliografische Daten sind im Internet über http://dnb.dnb.de abrufbar.

Die Online-Version dieser Publikation ist auf den Verlagswebseiten von Heidelberg University Publishing https://heiup.uni-heidelberg.de dauerhaft frei verfügbar (open access).
doi: https://doi.org/10.17885/heiup.441
urn: urn:nbn:de:bsz:16-heiup-book-441-0

Umschlagabbildungen: Professoren der Universität Heidelberg.
Oben links: Marsilius von Inghen, Gründungsrektor, Wikimedia Commons; *oben rechts:* Christian Mayer, Astronom, Wikipedia; *unten links:* Gustav Kirchhoff, Physiker, Smithsonian Libraries; *unten rechts:* Hans Jensen, Nobelpreisträger, MPI f. Kernphysik.

ISBN 978-3-947732-29-6 (Hardcover)
ISBN 978-3-947732-28-9 (Softcover)
ISBN 978-3-947732-27-2 (PDF)

»Geschichte ist uns die Erinnerung,
um die wir nicht nur wissen,
sondern aus der wir leben.«

Karl Jaspers

Joachim Heintze bei seinem Vortrag über die *Geschichte der Physik an der Universität Heidelberg* in der Alten Aula während des Jubiläumsjahrs 1986.

Vorwort

Im Jahr 1986 feierte die Universität Heidelberg ihr 600-jähriges Jubiläum. Das war ein guter Anlass, um auf die lange und wechselvolle Geschichte der Universität und ihrer Fakultäten zurückzublicken. Für die Physik unternahm es Joachim Heintze, die Geschichte aufzuarbeiten und sie der Öffentlichkeit in Vorträgen darzustellen (siehe gegenüberliegende Seite). Diese wurden in freier Rede gehalten und gefielen wegen ihres Detailreichtums und der lebendigen Darstellung.[1] Joachim Heintze hatte es zu Lebzeiten nicht mehr geschafft, das zugrunde liegende Manuskript, das zeitweise verschwunden war, in eine endgültige Form zu bringen.

Seine *Geschichte der Physik an der Universität Heidelberg* ist keine wissenschaftliche Abhandlung eines Historikers, sondern ein persönlich gefärbter Rückblick eines Physikers auf 600 Jahre Lehre und Forschung in Heidelberg. Bei aller Sorgfalt im Umgang mit den Fakten setzt Heintze eigene Schwerpunkte. Er spricht seine Vorlieben und Abneigungen frei aus und freut sich an kuriosen Begebenheiten. Deswegen und wegen ihres Reichtums an Fakten ist Heintzes Abhandlung ein wertvoller Beitrag zum »kulturellen Erbe« der Heidelberger Fakultät für Physik und Astronomie. Aus diesen Gründen haben wir uns nach Heintzes Tod im Jahr 2012 entschlossen, das hinterlassene Manuskript für eine Veröffentlichung vorzubereiten. Wir danken seiner Familie, vertreten durch Dr. Moritz Heintze, für ihr Einverständnis und die Überlassung wichtiger Unterlagen.

Bei der Durchsicht des Manuskripts ergab sich, dass die Kapitel 1–3, in denen die Geschichte der Heidelberger Physik bis zum Jahr 1900 behandelt wird, bereits in so gutem Zustand waren, dass neben der Prüfung der Quellen und der Suche nach den Vorlagen für die Bilder nur kleinere

---

1 Davon zeugen noch Video-Mitschnitte auf YouTube:
Teil 1 (1386–1803): https://www.youtube.com/watch?v=fp1Y-TP0Jpo
Teil 2 (1804 bis in die Gegenwart): https://www.youtube.com/watch?v=w4cXm4f-evE.

Änderungen und Ergänzungen nötig waren. Dagegen handelte Heintze die Heidelberger Physik nach 1900 auf nur wenigen Seiten ab, und diese bezogen sich hauptsächlich auf Philipp Lenard. Der Nachkriegszeit war nur eine Seite gewidmet! Wir haben uns deshalb entschieden – wieder in Absprache mit der Familie Heintze – das Manuskript für die erste Hälfte des 20. Jahrhunderts (Kapitel 4) erheblich zu ergänzen und darüber hinaus den Text für die Zeit von 1945 bis 2000 ganz neu zu schreiben. Denn gerade in dieser Periode hat sich die Heidelberger Physik so stark wie nie zuvor in ihrer Geschichte verändert. Da es dementsprechend viel zu berichten gab, sind drei neue, umfangreiche Kapitel, die Kapitel 5–7, entstanden. Damit sind wir nicht mehr – wie ursprünglich geplant – nur Herausgeber eines hinterlassenen Textes, sondern auch Mitautoren des vorgelegten Buches geworden. Um die geteilten Verantwortlichkeiten an dem Inhalt auch nach außen zu dokumentieren, haben wir uns – auf Anregung unserer Lektorin – entschlossen, auch auf dem Titelblatt als Autoren zu erscheinen. Die ausgezeichnete Rolle Heintzes bleibt dabei unbestritten und drückt sich auch darin aus, dass er als Erstautor in einer sonst alphabetischen Reihenfolge genannt wird.

Heidelberg 2019 — Maarten DeKieviet und Jörg Hüfner

Inhaltsverzeichnis

1.

Physik an einer mittelalterlichen Universität (1300–1500)

Unter »Geschichte der Physik« versteht man gewöhnlich die Geschichte der großen Ideen in der Physik, der experimentellen Entdeckungen und der Theorien, angereichert mit Biographischem aus dem Leben großer Physiker. Wir wollen hier etwas anderes versuchen und den Fragen nachgehen: Wie hat sich an einem bestimmten Ort die Physik in Lehre und Forschung entwickelt? Was ist über die Lebensumstände der damit befassten Personen zu berichten? Die Universität Heidelberg ist mit ihrer mehr als 600-jährigen Geschichte als Objekt für eine solche Untersuchung hervorragend geeignet.

Wenn man jemanden fragt, wann an der Universität Heidelberg die erste Physikvorlesung stattgefunden hat, wird man als Antwort wohl erhalten: vielleicht im 18. oder 19. Jahrhundert. Das ist aber weit gefehlt. Schon am 19. Oktober 1386, einen Tag nach der Eröffnung der Universität, fand die erste Physikvorlesung statt, gehalten von dem Magister Heilmann Wunnenberg von Worms. Dabei handelte es sich nicht etwa um eine Einzelveranstaltung, sondern um die erste Vorlesung in einem Physikkurs, der dann das ganze Jahr über fortgeführt wurde.

Die ersten Universitäten in Europa

Um zu verstehen, welche Rolle die Physik damals spielte, ist es notwendig, einen Blick auf die Geschichte der europäischen Universitäten zu werfen. Diese Institutionen entstanden in dem Bestreben, die von den Griechen in der Antike entwickelte Wissenschaft und die Prinzipien des römischen Rechts- und Verwaltungswesens wieder zugänglich und nutzbar zu machen. Die ersten Universitäten entstanden ab dem 11. Jahrhundert, und zwar in Norditalien (Bologna, gegründet 1088), in England (Oxford, gegründet 1096) und in Frankreich (Paris, gegründet 1215). Die Ausrichtung dieser Institutionen war durchaus unterschiedlich: In Norditalien war man mehr pragmatisch auf die Ausbildung von Ärzten und Juristen eingestellt, in Paris und Oxford war man mehr an den grundsätzlichen Fragen interessiert. Bei der Begründung der Studien in Paris ging es zunächst darum, der Kirche, die damals eine alles beherrschende Macht darstellte, nahezubringen, dass es zulässig und sinnvoll sei, sich mit den antiken Wissenschaften auseinanderzusetzen. Dass dieses gelang, war in erster Linie das Werk des Albertus Magnus (um 1200–1280) aus Köln. Er wirkte damals in Paris und erreichte, dass die Schriften des Aristoteles in Paris gelehrt werden konnten, insbesondere auch das große Werk der Aristotelischen *Physik*. In Oxford war man von vornherein liberaler, was wohl auch mit der größeren Entfernung von Rom und der Existenz des Ärmelkanals zusammenhing. Dort begannen schon im 13. Jahrhundert die Franziskaner unter der Führung von Robert Grosseteste (um 1170–1253), sich mit Aristoteles kritisch auseinanderzusetzen und die antiken Wissenschaften weiterzuentwickeln. Sie werden vielleicht Umberto Ecos Roman *Der Name der Rose* gelesen haben. Der darin auftretende scharfsinnige William von Baskerville ist zwar eine Erfindung des Autors, dessen vielzitierter Lehrer Roger Bacon (um 1220–1292) hat aber wirklich gelebt, und Bacons in dem Buch wiedergegebene geradezu atemberaubende Einsichten sind authentisch überliefert.

Die scholastische Wissenschaft

Die scholastische Wissenschaft wird manchmal etwas abschätzig beurteilt. Das ist aber unberechtigt. Im Gegenteil: die geistige Leistung der Scholastiker ist kaum genug zu bewundern. Aus den Trümmern der antiken Welt waren die fertigen Denkformen einer hochentwickelten Zivilisation zu übernehmen, überliefert in Form von spätlateinischen Schulbüchern oder von miserablen Übersetzungen, die nicht selten aus den griechischen Urtexten auf dem Umweg über das Syrische und das Arabische ins Lateinische übertragen worden waren. Gerade die Unvollkommenheit dieser Texte erzwang aber eine Auslegung und Weiterentwicklung, die üblicherweise in der Form von Kommentaren zu den Schriften des Aristoteles gegeben wurde. Auf diese Weise konnte man an eine Autorität anknüpfen, die von der Kirche akzeptiert war.

Ich will versuchen, in wenigen Worten den Unterschied zwischen der aristotelischen und der heutigen Physik zu charakterisieren. Bei Aristoteles gibt es eine strikte Trennung zwischen Physik und Mathematik. Die Mathematik entstand – nach Aristoteles – durch Abstraktion aus der Beobachtung von Naturerscheinungen, wobei von der Materie und von den Veränderungen eines Zustands abstrahiert wurde. Deshalb sei sie vorzüglich dazu geeignet, einen *Zustand* quantitativ zu beschreiben. So besteht auch bei Aristoteles ein enger Zusammenhang zwischen Geometrie und Optik, zwischen Geometrie und Astronomie, oder auch zwischen der mathematischen Proportionslehre und der musikalischen Harmonie. Niemals aber könnte – nach Aristoteles – die *Ursache der Veränderung* eines Zustands oder das *Wesen der Materie* mathematisch beschrieben werden. Das eben ist die Aufgabe der Physik, die solche Zustandsveränderungen als Auswirkung gewisser, nur *in Worten* zu fassender, allgemeiner Prinzipien darstellt. Diese allgemeinen Prinzipien sind ein Ergebnis des Denkens im Rahmen der aristotelischen Logik. Sie erweisen sich von daher als evident und bedürfen sonst keiner Rechtfertigung. In der modernen Physik dagegen müssen die fundamentalen Naturgesetze mathematisch zu formulieren sein. Sie werden induktiv und intuitiv aus dem Experiment oder aus der Beobachtung abgeleitet. In jedem Falle müssen aber physikalische Theorien mathematisch konsistent sein und der Überprüfung durch das Experiment standhalten.

Impetus und Relativbewegung

An zwei Beispielen soll gezeigt werden, wie für das Verständnis physikalischer Phänomene im ausgehenden Mittelalter neue Konzepte entwickelt wurden, die dann im 17. Jahrhundert wieder aufgenommen und im Sinne der modernen Physik präzisiert wurden. Die zugehörigen Texte stammen von Jean Buridan und Nicole Oresme, Lehrer und später Kollegen des Gründungsrektors der Heidelberger Universität, Marsilius von Inghen. Dieser hatte vor seiner Berufung nach Heidelberg in Paris, einem Zentrum europäischer Gelehrsamkeit, studiert und gearbeitet.

Der Philosoph Jean Buridan (um 1295–1363) lehrte an der Pariser Sorbonne, der er auch über mehrere Jahre als Rektor vorstand. In seiner Theorie der Dynamik diskutiert er, warum bei einem geworfenen oder bei einem rotierenden Körper die Bewegung beibehalten wird, auch wenn der Antrieb aufgehört hat. Welche Rolle dieser Impetus, also in heutiger Sprechweise der Impuls, in der Physik spielt, beschreibt Buridan in seinem Aristoteles-Kommentar *Quaestiones super Octo Libros Physicorum* folgendermaßen:

> »Darum scheint mir, wir müssen schließen, dass ein Beweger, wenn er einen Körper bewegt, diesem einen bestimmten Impetus aufdrückt, eine bestimmte Kraft, die diesen Körper in der Richtung weiterzubewegen vermag, die ihm der Beweger gegeben hat, sei es nach oben, nach unten, seitwärts oder im Kreis. Der mitgeteilte Impetus ist in dem gleichen Maße kraftvoller, je größer der Aufwand an Kraft ist, mit dem der Beweger dem Körper Geschwindigkeit verleiht. Durch diesen Impetus wird der Stein weiterbewegt, nachdem der Werfer aufgehört hat, ihn zu bewegen. Aber wegen des Widerstandes der Luft und auch der Schwerkraft des Steins, die ihn ständig in eine dem Streben des Impetus entgegengesetzte Richtung zwingen möchte, wird der Impetus immer schwächer. Darum muss die Bewegung des Steines allmählich immer langsamer werden. Schließlich ist der Impetus soweit geschwächt oder vernichtet, dass die Schwerkraft des Steines überwiegt und den Stein abwärts zu seinem natürlichen Ort bewegt.« (Crombie 1964, S. 303)

ABBILDUNG 1.1 Nicole Oresme, Professor in Paris und Lehrer des Marsilius von Inghen (Miniatur, 14. Jh.).

Im weiteren Verlauf des Textes führt dann Buridan noch aus, warum gerade der Impetus P = m·v die entscheidende Rolle spielt. Man sieht: Buridan kommt der Newtonschen Dynamik schon recht nahe.

Ein Schüler und späterer Kollege Buridans in Paris war Nicole Oresme (1320–1386). Er gilt als einer der bedeutendsten Universalgelehrten des Mittelalters und schrieb über Mathematik, Physik, Astronomie, Astrologie und sogar über Probleme der Wirtschaft. ◆ ABBILDUNG 1.1 zeigt den Geistlichen in seinem Arbeitszimmer mit einer Armillarsphäre, mit deren Hilfe die Bewegungen der Himmelskörper erklärt wurden. In seinem »Buch vom Himmel und der Erde« (*Quaestiones super Libris Quattuor de Caelo et Mundo*) beschäftigt sich Oresme unter anderem mit der Frage, ob sich die Erde um die Sonne oder die Sonne sich um die Erde bewegt. Zentral dabei ist das Konzept der Relativbewegung. Nur diese lasse sich beobachten, wie er erklärt:

> »Ich nehme an, Ortsbewegung kann nur insoweit beobachtet werden, als ein Körper seine Position in Bezug auf einen anderen Körper ändert. (...) Wenn sich nun ein Mensch im Himmelsgebäude befände und sich im regelmäßigen Tagesrythmus bewegte, so müsste ihm scheinen, dass die Erde die tägliche Bewegung ausführe, so wie sich für uns auf der Erde das Himmelsgebäude zu drehen scheint. Wenn sich entsprechend die Erde in täglicher Drehung bewegt, und das Himmelsgebäude nicht, dann glauben wir die Erde in Ruhe und das Himmelsgebäude in Bewegung. Jede intelligente Person kann sich das vorstellen.« (Crombie 1964, S. 313f)

Dieses Argument war später für Kopernikus wichtig, als er das heliozentrische Planetensystem vorschlug.

Gegen Ende des 14. Jahrhunderts, zu der Zeit, in der die Geschichte der Physik an der Universität Heidelberg begann, hatte die scholastische Wissenschaft ihre Blütezeit bereits hinter sich. Eine der Ursachen dafür könnte gewesen sein, dass damals allmählich klar wurde, dass das große Ziel, die Harmonisierung der rationalen Welterklärung des Aristoteles mit der christlichen Offenbarung, wohl doch nicht zu erreichen war. Einen Schlussstrich unter diese Versuche setzte William of Ockham (um 1287–1347), der in Oxford lehrte, mit seinem Nominalismus: Danach sind die Allgemeinbegriffe nicht göttlichen Ursprungs, sondern sie werden vom Menschen den Dingen und ihren Eigenschaften wie *Namen* zugeordnet. Auch Buridan und Oresme vertraten diese philosophische Richtung. Als ihr Schüler wurde Marsilius von Inghen zum bedeutendsten »Ockhamisten« Deutschlands (◆ Abbildung 1.2). Als er von der Pariser Sorbonne, wo er als Magister gelehrt hatte, nach Heidelberg berufen wurde, um dort die Universität zu gründen, brachte Marsilius also den neuesten Stand der Wissenschaft mit.

Abbildung 1.2 Marsilius von Inghen, Gründungsrektor der Universität in Heidelberg und Professor an der Artistenfakultät.

Gründung der Universität Heidelberg

Die Gründung der Universität[2] im Jahr 1386 stand in engem Zusammenhang mit dem päpstlichen Schisma. Vom Jahr 1378 an gab es zwei Päpste, einen in Rom und einen in Avignon. Marsilius von Inghen (1340–1396), Magister an der Sorbonne in Paris, war ein Anhänger des römischen Papstes Urban und damit untragbar an der Pariser Universität, die naturgemäß für den Papst in Avignon Partei ergriff. Er traf sich mit dem Kurfürsten Ruprecht I. von der Pfalz, der ebenfalls auf der Seite des römischen Papstes stand und der in seiner Residenz Heidelberg eine Universität als Zentrum der Gelehrsamkeit einrichten wollte, ähnlich wie sie damals bereits in Prag (seit 1348) und in Wien (seit 1365) bestanden. Papst Urban VI. sandte die erbetene Stiftungsbulle. Am 18. Oktober 1386 wurde die Universität Heidelberg mit einer feierlichen Messe in der Kapelle zum Heiligen Geist eröffnet, der Vorläuferin der heutigen Heiliggeistkirche. Deren Bau wurde erst zwei Jahre nach der Universitätsgründung begonnen und 1515 fertig gestellt. Der Gründer Ruprecht I. ist auch einer der beiden Namensgeber der »Ruprecht-Karls-Universität«. Er war ein bedeutender Herrscher und regierte von 1329 bis 1390. Er ist möglicherweise auch auf dem Siegel der Universität (◆ Abbildung 1.3) dargestellt: In der Mitte sitzt der Apostel Petrus, der Schutzpatron der Universität. Die beiden knienden Stifter könnten Kurfürst Ruprecht I. (rechts) und sein Neffe, Mitregent und Nachfolger Ruprecht II. (links), sein. Sie übergeben Teile ihres Besitzes, symbolisiert durch Wappenschilde, in die Obhut des Schutzpatrons. Das linke Schild zeigt die bayerischen Rauten, auf dem rechten ist der pfälzische Löwe abgebildet.

Beim Aufbau der Universität waren zunächst einige Schwierigkeiten zu überwinden:

> »Die Anfänge allerdings waren außerordentlich bescheiden – keine deutsche Universität zuvor oder später begann so kümmerlich wie die Heidelberger. Nur drei Lehrer, von denen zwei die Universität

---

2 Für Leser, die sich nicht nur für die Geschichte der Physik an der Universität Heidelberg, sondern darüber hinaus auch für die Geschichte der ganzen Universität interessieren, empfehlen wir das handliche Buch von Eike Wolgast über die *Geschichte der Universität Heidelberg 1386–1986* (Wolgast 1986). Kurzbiographien aller Professoren, die in den ersten 600 Jahren, also ab 1386, an der Heidelberger Universität gelehrt haben, sind in dem von Dagmar Drüll herausgegebenen *Heidelberger Gelehrtenlexikon 1386–1986* enthalten (Drüll 1986–2009).

Abbildung 1.3 Wachsabdruck des Siegels der Universität Heidelberg von 1386. Die Umschrift beginnt oben, leicht neben der Mitte, und lautet: »[+]s[igillum] universitatis [Rankenwerk] studii [Rankenwerk] h[eydelbergensis] [Rankenwerk]«.

> noch dazu rasch wieder verließen, hatten sich eingefunden: für Theologie der flämische Zisterzienser Reginald von Alna, für die Philosophie die beiden Artistenmagister Heilmann Wunnenberg von Worms und Marsilius von Inghen. Um einen Rektor wählen zu können, musste gewartet werden, bis drei Wochen nach Eröffnung der Universität als erster Prager Magister Dietmar von Schwerte eintraf.« (Wolgast, 1986, S. 3)

Dann aber wuchs die Universität rasch zu einer stattlichen Größe an. Bereits nach einem Jahr hatten sich über 500 Studenten immatrikuliert, fast so viele wie an der großen Universität in Paris, und das bei einer Einwohnerzahl von 4000 Bürgern. Der starke Zustrom von Studenten, Magistern und Bakkalaren (Absolventen mit dem niedrigsten akademischen Grad, vergleichbar dem heutigen Bachelorexamen), die für den Lehrbetrieb unentbehrlich waren, wurde aus zwei Quellen gespeist: Einmal folgten große Teile der deutschen Landsmannschaft aus Paris dem Marsilius, weil sie sich ebenfalls an Papst Urban VI. gebunden fühlten. Außerdem hatten sich an der Universität Prag zwischen der tschechischen und deutschen Landsmannschaft heftige Querelen entwickelt, die 1385 zu einer Abwanderung der Deutschen führten. Die Studentenzahlen reduzierten sich allerdings in der Folgezeit bald wieder auf ein Niveau von etwa 130 Immatrikulationen pro Jahr. Das lag vor allem an der Neugründung von Universitäten in Erfurt (1379), Köln (1388), Leipzig (1409) und anderen Städten.

Alle Neuzugänge, Lehrende wie Studierende, wurden in dem Matrikelbuch der Universität Heidelberg verzeichnet. ◆ Abbildung 1.4 zeigt den ersten Band. Auf der gezeigten Seite sind die ersten Lehrer der neugegründeten Universität geordnet nach Fakultäten aufgeführt. Unter den Artisten steht »Marsilius de Inghen« an erster Stelle (unterer Pfeil). Dann, nachdem er 1396 in Theologie promoviert hatte, wurde er auch unter den Theologen aufgeführt (oberer Pfeil).

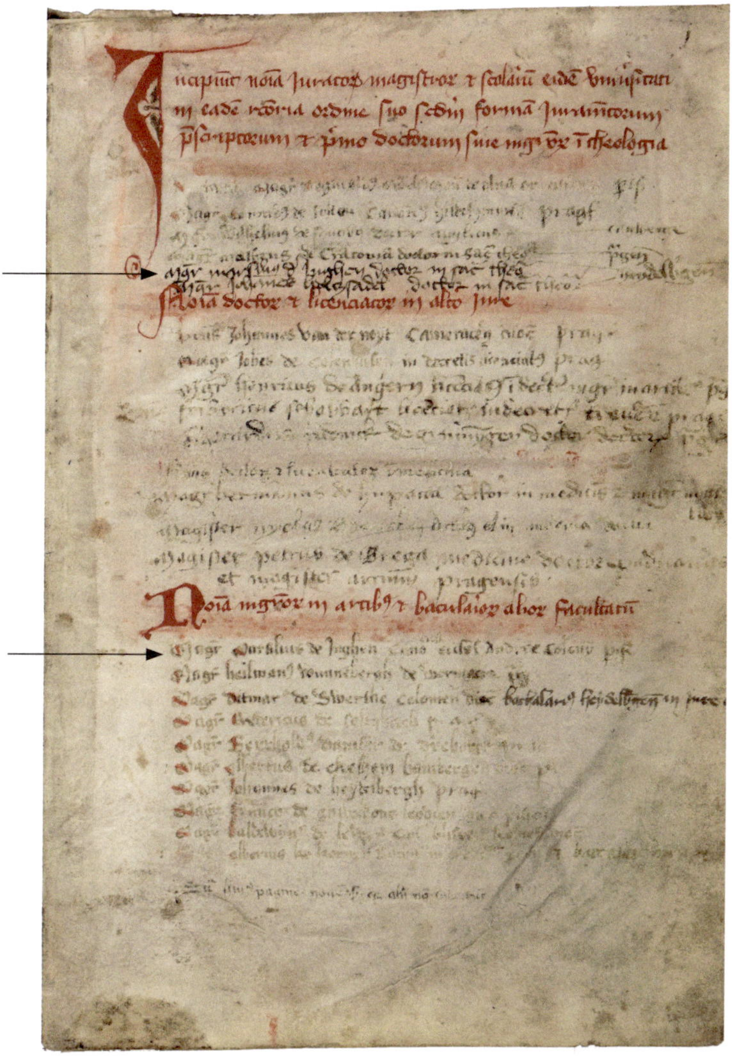

ABBILDUNG 1.4 Erste Seite des ersten Matrikelbands der Universität Heidelberg mit einer Liste der Neuzugänge (Dozenten und Studenten) aus den Jahren 1386 bis 1432. Auf der gezeigten ersten Seite ist Marsilius von Inghen zweimal aufgeführt (Pfeile).

Die Fakultät der Artisten

An den mittelalterlichen Universitäten gab es vier Fakultäten, die Artistenfakultät und die drei »höheren« Fakultäten: Theologie, Jurisprudenz und Medizin (Tabelle 1). Bei ihrem Studium mussten die Studenten zunächst die Artistenfakultät durchlaufen, dann konnten sie, als »Baccalaureus« oder gar als »Magister Artium«, noch ein Studium an einer der drei höheren Fakultäten in Angriff nehmen. Das Studium bis zum Bakkalaureatsexamen dauerte etwa zwei Jahre. Für das Aufbaustudium an der Artistenfakultät, das mit der Magisterprüfung abschloss, brauchte man noch einmal zweieinhalb Jahre. Die Studiengänge an den höheren Fakultäten dauerten erheblich länger, so dass viele Studenten sich mit einem an der Artistenfakultät erworbenen Grad begnügten.

Tabelle 1 Die Stärke der vier Fakultäten an der Universität Heidelberg nach 1413 (Wolgast 1986, S. 8 f).

Höhere Fakultäten	Theologie	3 Lehrstühle
	Jurisprudenz	3 Lehrstühle
	Medizin	1 Lehrstuhl
Artistenfakultät	Artes liberales	6 Lehrstühle

Der Stoff, der an der Artistenfakultät gelehrt wurde, und zu dem auch Mathematik, Physik und Astronomie gehörten, änderte sich während des Mittelalters gewaltig. Im frühen Mittelalter (bis ins 13. Jahrhundert) standen die sieben freien Künste (»artes liberales«), nach denen die Artistenfakultät ihren Namen erhielt, auf dem Lehrplan. Deren Inhalte waren aus der römischen Spätantike übernommen und setzten sich aus dem »Trivium« (Grammatik, Dialektik und Rhetorik) und dem »Quadrivium« (Geometrie, Arithmetik, Musik und Astronomie) zusammen. Die Physik kommt in diesem Fächerkanon nicht explizit vor, sondern ist in der Dialektik enthalten, die der Schwerpunkt aller Wissenschaft der Artisten war und Logik, Physik, Metaphysik und Ethik einschloss (Thorbecke 1886, S. 84). Mit der Zeit wurde das Trivium in den Unterrichtsstoff der Lateinschulen integriert. Aber auch von den Disziplinen des Quadriviums war im spätmittelalterlichen Lehrplan der Universitäten wenig übrig geblieben. Im Zentrum stand dann das Studium der Bücher des Aristoteles. So war es auch an der Universität Heidelberg, die nach dem Vorbild Paris aufgebaut wurde.

Was im Mittelalter unter Physik und Astronomie verstanden wurde, unterscheidet sich jedoch beträchtlich von den heutigen Inhalten. Nach Aristoteles beschrieb die Physik nur die materiellen Vorgänge im »sublunaren Bereich« (»unterhalb des Mondes«), d. h. auf der Erde, während die Astronomie – wie auch heute noch – für die Vorgänge im Kosmos im »supralunaren Bereich« (»oberhalb des Mondes«) zuständig war, d. h. für den Mond und alles, was jenseits der Mondbahn lag. Weiterhin war die Physik eine reine Buchwissenschaft ohne Bezug zum Experiment. Eine physikalische Gesetzmäßigkeit wurde dann als richtig anerkannt, wenn sie in den Büchern des Aristoteles stand. Deshalb gab es an den mittelalterlichen Universitäten auch keine Praktika. Die damals diskutierten physikalischen Gesetzmäßigkeiten waren, mit wenigen Ausnahmen, wie z. B. dem Hebelgesetz, qualitativer Natur.

Anders sah es bei der Astronomie aus. Schon in der Antike wurden astronomische Erkenntnisse durch genaue Beobachtungen gewonnen und die empirischen Zusammenhänge in mathematischer Sprache formuliert. Deshalb war die Astronomie auch eher eine Domäne der Mathematik. An den mittelalterlichen Universitäten wurden aber nicht nur astronomische Erkenntnisse gelehrt, sondern auch der Bau und der Gebrauch astronomischer Geräte. Damit war die Ausbildung in der Astronomie schon recht modern. Allerdings war damals auch die Astrologie, d. h. die Lehre von dem Einfluss der Gestirne auf das irdische Geschehen, Teil der Astronomie und wurde auch an der Universität in Theorie und praktischen Anwendungen unterrichtet.

Professuren

Das Berufungsverfahren für die Lehrstuhlinhaber war erstaunlicherweise dem heutigen nicht unähnlich: Die Fakultät benannte eine ihr geeignet erscheinende Person. Dieser Vorschlag musste in der Congregatio doctorum et magistrorum, in der jede Fakultät eine Stimme hatte, eine Mehrheit finden. Er wurde dann an den Kurfürsten weitergeleitet, der die Berufung aussprach und den Berufenen dem Stift der Heiliggeistkirche präsentierte. Die Stiftsherren, naturgemäß sämtlich Kleriker, waren die Lehrstuhlinhaber der Universität. Auch die Magister, die keinen Lehrstuhl innehatten, waren in der Regel Kleriker oder zumindest unverheiratete Leute. Erst gegen Ende des 15. Jahrhunderts fand man an der Universität verheiratete Professoren bürgerlichen Standes.

Im Gegensatz zum Berufungswesen war die wirtschaftliche Grundlage der Universität ganz anders geregelt als heute: Die Universität musste sich aus eigenen Einkünften erhalten. Diese stammten aus diversen Quellen wie z. B. aus einer Beteiligung an den Zolleinnahmen in Bacharach und Kaiserswerth, aus Pfründen[3] und aus Grundbesitz, der überwiegend außerhalb von Heidelberg gelegen war und der im Laufe der Zeit durch Schenkungen und Investitionen der Universität vermehrt wurde. Die Gehälter der Lehrstuhlinhaber hingen in der Anfangszeit der Universität von der Fakultät ab: Die Theologen erhielten 120 Gulden pro Jahr, die Juristen 80 und die Mediziner 60. Die Professoren der Artistenfakultät erhielten zunächst gar nichts. Sie mussten sich mit freier Kost und Logis im Collegium Artistarum zufriedengeben. Zu einem gewissen Ausgleich trug bei, dass die Artisten bei weitem die höchsten Einnahmen aus Hörergeldern hatten. Der Mediziner hatte beträchtliche Nebeneinnahmen durch privatärztliche Tätigkeit und als Leibarzt des Kurfürsten, und die Juristen verdienten zusätzlich durch Gutachten. Die Theologen kassierten damals traditionsgemäß keine Hörergelder, aber hatten den ersten Zugriff auf ertragreiche Pfründe. In summa waren die Professoren der höheren Fakultäten finanziell wohl ähnlich gut gestellt wie Professoren heutzutage. Nur die Artisten führten in ihrem Collegium Artistarum ein etwas raueres Leben:

> »Wie die gesamte äußere Erscheinung der Hochschule, so fand auch die Ordnung des Artistenkollegs erst unter Ludwig III. (von 1410 bis 1436 *Pfalzgraf* und *Kurfürst von der Pfalz*) ihren Abschluss. Sehr anschaulich lassen uns die von ihm erneuerten und festgelegten Statuten in das tägliche Leben und Treiben der Kollegiaten hineinblicken. Alle Last der Verwaltung, aber auch die Sorgen für die Autorität der Statuten ruht auf dem jährlich neugewählten Propst; man sieht deutlich, wie schwer es ihm trotz aller Strafgewalt wurde, die Untugenden seiner Kollegen notdürftig im Zaum zu halten:

3 Eine Pfründe ist ein mit Einkünften verbundenes Kirchenamt (eigentlich = das zu Gewährende).

> das Mitbringen zweifelhafter Frauenpersonen zu verhindern, die ewigen Zänkereien zu schlichten, bei Tisch Stillschweigen und Aufmerksamkeit für die üblichen Vorlesungen aus der Bibel zu erzwingen, die lärmenden Zechgelage mit Studenten und anderen Freunden, das Würfelspiel um Geld und ähnliche Ausschweifungen wenigstens einzudämmen. Den Haushalt versahen die Magister – nach echter Kasernensitte – der Reihe nach im Wochendienst; doch standen ihnen ein Koch und (wohl studentische) Famuli (Hilfskräfte) zur Verfügung; auch eine weibliche Wirtschaftshilfe scheint später in diesen Männerhaushalt eingedrungen zu sein.« (Ritter 1936, S. 151f)

Im Artistenkolleg wohnten nicht nur die fest angestellten Lehrstuhlinhaber, sondern auch Magister, die neben ihrem Studium an einer der Oberfakultäten noch an der Artistenfakultät unterrichteten. Das waren zeitweilig mehr als zwei Dutzend Dozenten. Für den Unterhalt des Collegium Artistarum hatte der Kurfürst die Hälfte des Schriesheimer Zehnten bestimmt. Die dort abgelieferten und zwischengelagerten Naturalien wurden zum guten Teil im Heidelberger Artistenkolleg verzehrt. Dass die Magister der Artistenfakultät trotzdem nicht auf Rosen gebettet waren, ergibt sich daraus, dass die Verwahrung der Schlüssel zur Vorratskammer aufs Sorgfältigste geregelt war und dass im Strafenkatalog auch dreitägiger oder gar wöchentlicher Ausschluss von den gemeinsamen Mahlzeiten vorgesehen war. Zu den Prüfungen mussten die Studenten ihren Prüfern »Erfrischungen« in Form von Käse, Brot und Wein mitbringen. Nach bestandenem Examen war dann sogar eine Einladung zum Bade mit anschließendem Festschmaus fällig!

Die Studenten lebten überwiegend in »Bursen«. Dort konnten sie auch Nachhilfestunden in den Fächern des Triviums nehmen, falls ihre Lateinkenntnisse nicht ausreichten. Die Bursen wurden als private Unternehmen einzelner Magister betrieben. Es gab aber auch ein von der Universität betriebenes Studentenheim, das »Collegium Dionysianum«, in dem unbemittelte Studenten kostenfrei wohnen konnten.

Gebäude der Universität

Die Universität brauchte nicht nur laufende Einnahmen, sondern auch Gebäude. An dieser Stelle kommen wir zur schwärzesten Seite der Universitätsgeschichte. Kurfürst Ruprecht I. hatte nach seinem Regierungsantritt gegen hohe Schutzgelder vermögende Juden nach Heidelberg gezogen. Vierzig Jahre später, nach Ruprechts Tod (1390), war eine der ersten Taten seines Nachfolgers, die dreizehn jüdischen Familien zu vertreiben und ihre gesamte Habe zu beschlagnahmen. Im Jahr 1391 erhielt die Universität durch Schenkung einen reichen Grundbesitz im ehemaligen Ghettoviertel, das sich westlich der Heiliggeistkirche zwischen der Hauptstraße und dem Neckar erstreckte.

> »Die Synagoge wurde am zweiten Weihnachtstage 1391 durch den Wormser Bischof feierlich zur Universitätskapelle zu Ehren der Mutter Gottes geweiht. (...) Sie hat diesem Zweck bis ins 16. Jahrhundert gedient, fand aber von Anfang an auch als Sitzungslokal der allgemeinen Magisterversammlung und als Hörsaal der Theologen Verwendung; und in demselben Gebäudekomplex besaßen die Juristen und Mediziner ihre Auditorien. Ein Teil der Judenhäuser ringsumher wurde zu Professorenwohnungen bestimmt und nicht ohne längeren Kampf mit kurfürstlichen Beamten, die sich sogleich darin festgenistet hatten, als solche bezogen.« (Ritter 1936, S. 136f)

In einem der beschlagnahmten Häuser, dem vormals einem Herrn Hirsch gehörigen, recht stattlichen Haus gegenüber der Synagoge an der Ecke der heutigen Unteren Straße und Dreikönigstraße (damals Judengasse), wurde das Collegium Artistarum untergebracht. Es ist noch auf der berühmten Stadtansicht des Matthaeus Merian aus dem Jahr 1620 zu sehen (◆ Abbildung 1.5). Von den dort abgebildeten Gebäuden haben nur wenige, darunter die beiden Kirchen und der Hexenturm, den großen Brand von 1693 überstanden.

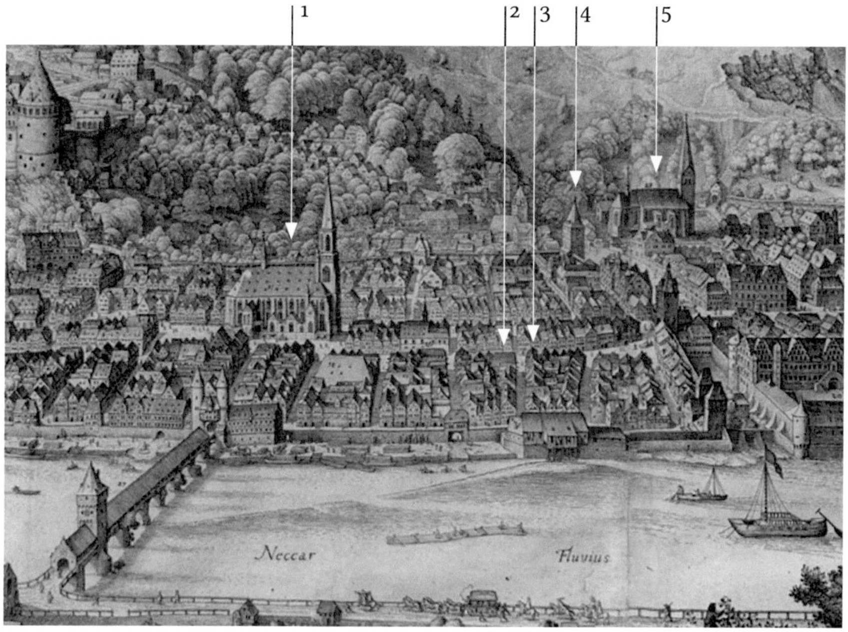

Abbildung 1.5 Ausschnitt aus Matthaeus Merians großer Stadtansicht von Heidelberg aus dem Jahr 1620.

1. Heiliggeistkirche
2. Marienkapelle vorm. Synagoge
3. Collegium Artistarum
4. Hexenturm
5. Peterskirche

Organisation der Lehre

Was waren nun konkret die Lehrinhalte an der Artistenfakultät, insbesondere in der Physik und in den der Physik nahestehenden Fächern? Geist und Ausrichtung der Lehre der Universität wurden vor allem durch Marsilius von Inghen geprägt. Marsilius war als Magister an der Artistenfakultät der Sorbonne zu einem der bekanntesten Wissenschaftler seiner Zeit geworden. Er gehörte zu den ersten, die Buridans Impetus-Theorie aufnahmen, und war, neben Albert von Sachsen, der Hauptvermittler dieser Theorie, die bis in die folgenden Jahrhunderte gewirkt hat. Er betrachtete die funktionale Abhängigkeit einer physikalischen Größe von einer anderen und stellte solche Abhängigkeiten auch graphisch dar. Weiterhin setzte er sich mit dem Problem des Vakuums auseinander (dessen Nichtexistenz er zu beweisen suchte) und mit der Unendlichkeit des Raums.[4] Im Übrigen war er auch ein hochgeschätzter Lehrbuchautor.

Marsilius richtete das Studium nach dem Vorbild der Pariser Universität ein. Ein gewisser Teil des Stoffes (»libri formales«) wurde in den offiziellen Hauptvorlesungen behandelt. Diese Hauptvorlesungen waren den Lehrstuhlinhabern vorbehalten. Daneben gab es noch eine Reihe anderer Lehrveranstaltungen: »libri non formales« (Ergänzungs- oder Spezialvorlesungen), General-Exerzitien (Übungen zu den Hauptvorlesungen), Privat-Exerzitien, Diktierstunden und – last but not least – die Disputationen, die Krönung aller Lehrveranstaltungen. Die Diktierstunden waren natürlich von großer Wichtigkeit, da es keine gedruckten Lehrbücher gab.

Tabelle 2 »Lektionsplan« für die Hauptvorlesungen an der Artisten-Fakultät. Angegeben sind die Themen, die in den vier Vierteln I – IV eines Studienjahrs behandelt werden, weiterhin die Tageszeiten, an denen die Vorlesungen beginnen und ob sie sich an Anfänger (Scholaren) oder Fortgeschrittene (Bakkalaren) wenden, Stand 1444.

Beginn		I	II	III	IV
6 Uhr	Scholaren	Physica	Physica	Physica	Topica
	Bakkalaren	Metaphysica	Metaphysica	Metaphysica	Parva natur.
9 Uhr	Scholaren	Summula Petri Hispani	Summula Petri Hispani	De anima	De anima
	Bakkalaren	Meteorologica	Meteorologica	Politicorum	Politicorum
12 Uhr	Scholaren	Vetus ars	Vetus ars	Priorum analytica	Priorum analytica
	Bakkalaren	Ethica	Ethica		

4 In seiner Heidelberger Zeit hatten sich Marsilius' persönliche Interessen allerdings mehr der Theologie zugewandt. Im Jahr 1396, wenige Monate vor seinem Tode, wurde er in Heidelberg zum Doktor der Theologie promoviert.

Abbildung 1.6 »Hohe Schul zu Heydelberg« (Holzschnitt von 1578).

Nur für die Hauptvorlesungen wurde zu Anfang eines Studienjahres vom Fakultätsrat ein fester Zeitplan mit Zuweisung der Hörsäle aufgestellt. Der Plan in Tabelle 2 geht auf einen Statutenentwurf von 1444 zurück (Ritter 1936, S. 495). Der Lektionsplan entspricht in etwa dem heutigen Vorlesungsverzeichnis. Allerdings war damals das Studienjahr nicht in zwei Semester, sondern in vier Quadrimester geteilt. Die Anfängervorlesung in Physik erstreckte sich damals über die ersten drei Quadrimester und begann täglich (außer Sonntag) schon um 6 Uhr morgens. Heute wird die Anfängervorlesung für Physiker zweimal wöchentlich von 11 bis 13 Uhr gelesen und das über zwei Semester. Natürlich sind die Studieninhalte ganz verschieden. Damals drehte sich im Studium alles um Aristoteles.

Die Hauptvorlesungen waren auf den Vormittag konzentriert, während die restlichen Lehrveranstaltungen in den Zwischenstunden und nachmittags stattfanden, denn es war ausdrücklich verboten,

Lehrveranstaltungen zeitlich parallel zu den Hauptvorlesungen abzuhalten. Die Ähnlichkeit mit dem heutigen Studienbetrieb ist verblüffend. Der einzige Unterschied scheint zu sein, dass der Dekan unter seinen Kollegen bei Nichteinhaltung des Lehrplans Geldstrafen verhängen konnte und dass die Ergänzungsvorlesungen und die Exerzitien als Privatveranstaltungen in den Bursen abgehalten wurden. Universitätseigene Räume gab es nur für Hauptvorlesungen und für die Disputationen.

◆ Abbildung 1.6 aus Sebastian Münsters Werk *Cosmographica* gibt einen Eindruck, wie es in einer Vorlesung damals zuging. Münster kannte die Verhältnisse in Heidelberg aus eigenem Erleben, da er dort von 1521 bis 1529 als Professor für Hebräisch gelehrt hatte. Bei dem gezeigten Raum könnte es sich um die Heidelberger Marienkapelle (ehemalige Synagoge) handeln, in der auch Vorlesungen gehalten wurden. Die Abbildung zeigt einen Magister auf seiner Lehrkanzel mit den Scholaren. Viele Studenten haben Buch und Schreibzeug bei sich. Was sie in den Händen halten, ist das Ergebnis der Diktierstunden. Ein Bakkalar hatte zuvor den zu behandelnden Text diktiert, und die Scholaren hatten ihn mit breitem Rand und großem Zeilenabstand in ihr Kollegbuch eingetragen. Der Magister verlas zunächst noch einmal den Text, so dass etwaige Schreibfehler korrigiert werden konnten. Er erläuterte und kommentierte dann die Begriffe und Aussagen des Textes, wobei sich die Studenten Notizen machen konnten. Nicht immer waren die Studenten so brav wie auf diesem Bild, sonst wäre es wohl nicht nötig gewesen, in der Disziplinarordnung ausdrücklich das Werfen mit Dreck und Steinchen sowie das Anstimmen des *Salve* während der Vorlesung zu verbieten.

Inhalte der Lehre

Über den Inhalt der Vorlesungen können wir einiges sagen: Tabelle 3 zeigt die Titel der Lehrbücher, die damals in Heidelberg im naturwissenschaftlichen und mathematischen Unterricht verwendet wurden. Einige dieser Bücher konnte man im Original in einer Ausstellung bewundern, die aus Anlass des 600-jährigen Jubiläums der Universität Heidelberg ausgerichtet worden war (Mittler 1986). Sie stammen aus der berühmten Bibliotheca Palatina, die während des Dreißigjährigen Krieges von Heidelberg nach Rom gebracht wurde. Allem voran stehen natürlich die *Libri naturales* des

Aristoteles. Sie enthalten an erster Stelle die acht Bücher der *Physica,* in denen die allgemeinen Prinzipien der Physik dargelegt sind. Es folgen die Bücher speziellen Inhalts: *Meteorologica, De Caelo et Mundo* (Astronomie und Kosmologie), *De Elementis* (Elementenlehre, die damals dem Aristoteles zugeschrieben wurde, aber wahrscheinlich von arabischen Autoren aus dem 10. Jahrhundert stammt), etliche zoologische Bücher, *De Anima* (Psychologie) und die *Parva Naturalia,* bei denen es unter naturwissenschaftlichen Gesichtspunkten u. a. um die Sinneswahrnehmungen, Gedächtnis, Schlafen und Wachen, um Jugend und Alter, um Leben und Tod geht.

Ein riesiges Pensum, von dem einige Titel uns schon in dem Zeitplan Tabelle 2 begegnet sind. Es ist klar, dass sich unter diesen Umständen das Lehrbuch des Marsilius von Inghen (Marsilius 1484) großer Beliebtheit erfreute, nicht nur in Heidelberg, sondern auch an anderen Universitäten. Es enthält die wichtigsten Aussagen der *Physica* in Form von kurz gefassten Leitsätzen (»praepositiones«), dazu Erklärungen und Beweise (»explicationes«). Es folgen Zweifelsfragen und Einwände (»dubia, quaestiones, argumenta opposita«), also sozusagen Übungsbeispiele zur Vorbereitung der Disputationen. Das Werk war noch 100 Jahre nach seiner Entstehung gefragt, denn es wurde noch um 1484 in Pavia als Buch gedruckt und herausgegeben. Ein Exemplar befindet sich in der Heidelberger Universitätsbibliothek. Auf einem eingeklebten Zettel wird hervorgehoben, dass Marsilius' Darstellung Verwandtschaft zu den Lehren von Jean Buridan und Nicole Oresme zeigt. Wichtig sei die Schrift auch wegen der klaren Darstellung der Fallgesetze. Es wäre interessant, genauer zu erforschen, was in diesem ältesten Heidelberger Lehrbuch der Physik steht. Man wird vermutlich finden, dass es sich beim Fall um eine gleichförmig beschleunigte Bewegung handelt, denn diese Begriffe waren damals bereits bekannt (Crombie 1964, S. 325).

Tabelle 3 Lehrbücher der Physik, Mathematik und Astronomie, die an der Universität Heidelberg im Mittelalter verwendet wurden (Ritter 1936, S. 164 f).

Aristoteles	*Libri naturales* (in Übersetzungen und Kommentaren)
Marsilius	*Abbreviationes libri physicorum Aristotelis* (kurz gefasster Kommentar zu den 8 Bänden der Physik des Aristoteles)
Euklid	*Elementa* (mathematische Schriften)
Sacrobosco	*Tractatus de Sphaera* (Almagest des Ptolemäus), *Tractatus de algorismo* (Rechnen mit arabischen Zahlen)
Peckham	*Perspectiva* (Optik)
Bradwardinus	*Tractatus de proportionibus velocitatum in motibus*
Oresme	*Latitudines Formarum* (mathematische Formulierung und graphische Darstellung funktionaler Beziehungen)

Die wichtigsten unter den weiteren mathematischen und naturwissenschaftlichen Texten in der Tabelle sind die Bücher des Euklid und des Sacrobosco (◆ Abbildung 1.7). In den vier ersten Büchern des Euklid – diese sind hier gemeint – findet man die axiomatisch begründete euklidische Geometrie – ein Meilenstein in der Entwicklung der Mathematik. Der Sphärentraktat (*Tractatus de Sphaera*) des Mathematikers und Astronomen Johannes de Sacrobosco (John of Holywood, † 1256 in Paris) enthält in leicht fasslicher Darstellung den *Almagest*, d. h. das astronomische Standardwerk jener Zeit auf der Grundlage des ptolemäischen Weltbildes[5] mit den Beobachtungen des Hipparchos, und mit einigen Zutaten arabischer Astronomen. Dieses Werk kursierte vor Erfindung des Buchdrucks in Handschriften, erschien erstmals 1472 im Druck und wurde bis um 1650 in etwa 240 Auflagen gedruckt. Es wurde europaweit an den Universitäten als verbindliches

5 Wie das Weltsystem des Ptolemäus (um 96–168 n. Chr.) mit seinen Zyklen, Epizyklen und Deferenten ausgesehen hat, findet man noch heute in vielen Lehrbüchern der Astronomie. Es stammt in seinen Grundzügen von Hipparchos (2. Jh. v. Chr.).

Elementarlehrbuch der Astronomie bis weit in das 17. Jahrhundert verwendet. Der Algorithmus (*Tractatus de algorismo*) des Sacrobosco führt in den Gebrauch der arabischen (eigentlich indischen) Zahlen ein. Das war sehr wichtig, denn in jener Zeit war in Deutschland das schwerfällige römische Zahlensystem noch allgemein im Gebrauch. Das Buch behandelt die Grundrechenarten, aber auch Komplizierteres, bis zum Ziehen von Quadrat- und Kubikwurzeln.

Abbildung 1.7 (Vermutlich) Johannes de Sacrobosco († 1256), Professor für Mathematik und Astronomie in Paris und Lehrbuchautor (Stich von 1584).

Im Collegium Artistarum gab es auch eine reichhaltige Büchersammlung mit einer Anzahl von Aristoteles-Kommentaren, auf die sich die Magister bei ihren Vorlesungen stützen konnten. Darunter befinden sich auch die oben erwähnten *Quaestiones* des Buridan. Der naturwissenschaftliche und mathematische Stoff wurde nicht nur in Vorlesungen vermittelt, sondern auch in praktischen Übungen. Sehr interessant ist die Ankündigung einer solchen Lehrveranstaltung, die anlässlich der Ausstellung *Bibliotheca*

Palatina der Universitätsbibliothek Heidelberg 1986 zu sehen war. Der auf die Zeit um 1455 zu datierende Text beginnt mit den Worten:

> »Matthias Kemnatensis Ex rogatu quorundam die veneris hora duodecima incipiet resumere et practicare: Species arismetrice sciencie de integris et radicum extraccione Adiunctis regulis generalibus et specialibus uniuscuiuscumque specie. (...)«
>
> Deutsch: »Matthias aus Kemnat beginnt auf vielfache Bitten am Freitag um 12 Uhr zu wiederholen und zu üben: Die mit den Rechenarten in der Wissenschaft der ganzen Zahlen und des Wurzelziehens verbundenen allgemeinen Regeln sowie die speziellen Regeln für jede einzelne Rechenart. (...)« (Mittler 1986, Textband, S. 26f)

Es folgt eine Aufzählung aller Lehrgegenstände, die vom Gebrauch des Abakus über praktische Übungen im Ausmessen von Gefäßen und dem Anfertigen von Horoskopen bis zur Unterweisung im Gebrauch astronomischer Messinstrumente und zur Erklärung ihrer Konstruktion reichen. Was wiederholt werden soll, sind – nach der Inhaltsangabe zu schließen – die Bücher des Sacrobosco. Erstaunlich, was man damals an der Universität Heidelberg alles lernen konnte! Was die Form der Ankündigung betrifft, unsere Physikstudenten würden heute wahrscheinlich sagen: Nachahmenswert!

Wenn man die Studienpläne und die Lehrbuch-Literatur betrachtet, kommt man zu dem Schluss: Das Studium an der Artistenfakultät erforderte harte Arbeit, selbst wenn man davon ausgeht, dass nicht alles so heiß gegessen wie im Studienplan gekocht wurde. An Sonn- und Feiertagen (von denen es viele gab) wurden zwar die Vorlesungen ausgesetzt, nicht aber die Exerzitien und die Diktierstunden. Ferien gab es nur zu Ostern, zu Pfingsten und zu Weihnachten, jeweils ein paar Wochen. Dennoch: Das dem Scholaren abgeforderte Studium aller acht Bücher der *Physica* des Aristoteles war neben dem Studium der aristotelischen Logik in zwei Jahren nicht zu schaffen. Die Prüfungsordnung für das Bakkalariatsexamen enthielt deshalb die Bestimmung, dass das Examen bereits nach dem Studium der ersten beiden Bücher abgelegt werden konnte, wenn der Prüfling schwört, die restlichen sechs Bücher nachzuholen. Ein interessantes Modell: Eidesstattliche Erklärung statt

Übungsschein? Vielleicht doch nicht so zu empfehlen, damals jedenfalls kursierte alsbald in der Region die Rede vom »meineidigen Artisten« (Ritter 1936, S. 194).

Disputationen

Die Krönung des akademischen Unterrichts war die Disputation (Ritter 1936, S. 175 ff). Disputiert wurde täglich in kleinen Gruppen innerhalb und außerhalb der Bursen. Offiziell und öffentlich wurden von der Fakultät am Samstag im Hörsaal Disputate veranstaltet. Am Ende des Semesters (im August) gab es als Höhepunkt des akademischen Jahres die von der Universität veranstaltete und 14 Tage dauernde Redeschlacht »disputatio quodlibetica«, bei der jedes beliebige Thema diskutiert werden konnte. Bei näherem Hinschauen erkennt man in den Disputationen die Vorstufe der heutigen Seminarvorträge und Kolloquien.

Die offiziellen Disputationen fanden unter der Leitung eines Magisters statt, der während der jährlichen Hauptdisputation »Quodlibetarius« genannt wurde. Seine Aufgabe war es, die Themen aufzustellen, die – im Unterschied zu heute – in Frageform zu formulieren waren. Auch musste er jeweils zu Beginn der Disputation darlegen, dass und warum die Frage von gegensätzlichen Standpunkten aus beantwortet werden konnte. Dann hatten die Respondenten und Opponenten das Wort, zwei Bakkalaren oder Scholaren, die die beiden Standpunkte mit möglichster Gedankenschärfe und rhetorischer Geschicklichkeit zu vertreten hatten. In der Jahresdisputation mussten auch die Magister ihre Disputierkunst vorführen. Oft gab es auch nur einen Respondenten, der beide Standpunkte zunächst ausführen und dann gegeneinander abwägen musste. In die Diskussion konnten auch Opponenten aus dem Publikum mit ihren Argumenten eingreifen, soweit der Leiter der Veranstaltung Wortmeldungen zuließ.

Die Themen waren in der Regel dem oder den Respondenten einige Wochen vorher mitgeteilt worden, die Antworten waren vorbereitet und mit dem Magister abgesprochen. Auch in diesen Einzelheiten erinnert das Ganze stark an den heutigen Seminarbetrieb, wie er z. B. in unserer Fakultät bei dem traditionellen *Seminar über neuere Fragen der Physik* üblich ist. Regelrechte intellektuelle Fechtkämpfe mit ungewissem Ausgang, bei denen es um echte wissenschaftliche Kontroversen ging, gab es wohl nur selten. Sicher wurde bei den Disputationen mitunter vor einem gähnenden Publikum viel taubes Stroh gedroschen, aber auch das soll ja heute gelegentlich bei Seminarvorträgen vorkommen.

Konkrete Beispiele zu den Disputationsthemen, die in der Artistenfakultät behandelt wurden, konnte man in der erwähnten Palatina-Ausstellung finden. So wissen wir, dass der damalige Rektor Johannes Murhardt von Gemünd am 26. August 1444 die folgende Frage behandelte:

> »Utrum angeli qui per species rerum cognitiones adipisci affirmantur virtute illarum in tantum eleuari possint, ut cognitionum nostrarum notitiam intuitiuam consequantur?« Deutsch: »Können Engel, die, wie man versichert, ihre Erkenntnisse durch die Ideen der Dinge erlangen, kraft derer sich soweit erheben, dass sie intuitive Einsicht in unsere Gedanken gewinnen?« (Mittler 1986, Textband, S. 22)

Man ist geneigt zu sagen: Eine typisch scholastische Spitzfindigkeit, fast wie die Frage, ob drei Engel auf einer Nadelspitze tanzen können! Doch gemach, in der Sprache des frühen 19. Jahrhunderts würde die Fragestellung lauten: »Könnte ein übernatürliches Wesen, das über die perfekte Kenntnis aller Naturgesetze verfügt, unsere Gedanken erraten?« Und heute würde man vielleicht fragen: »Lässt sich der Ablauf von menschlichen Denkprozessen mit physikalischen Gesetzen beschreiben und eventuell sogar vorhersagen?«

2.

Die Universität Heidelberg in turbulenten Zeiten (1500–1750)

Wir kommen ins 16. Jahrhundert: Amerika und die Welt wurden erkundet, es war das Zeitalter der Reformation, und eine neue Geistesrichtung, der Humanismus, setzte sich durch. Gleichzeitig begann mit Nikolaus Kopernikus, Tycho Brahe und Johannes Kepler die moderne Physik. Eine Zeit des Aufbruchs auch für die Universitäten. Aber bald brachen religiöse Auseinandersetzungen aus, die nicht nur intellektuell, sondern auch kriegerisch ausgetragen wurden und in dem Dreißigjährigen Krieg kulminierten. Wie wirkten sich diese turbulenten Zeiten auf die Physik in Heidelberg aus?

Der erste Lehrstuhl für Physik

An der Heidelberger Artistenfakultät war zu Anfang dieses Jahrhunderts von alledem erst einmal nicht viel zu merken. Der Lehrbetrieb war in der Repetition der Aristotelischen Logik erstarrt. Physik und erst recht Mathematik schienen demgegenüber viel zu kurz zu kommen. Offenbar fehlte es an Lehrkräften, die sich die Behandlung dieses Stoffes zutrauten. Studentische Forderungen (Winkelmann 1986, S. 283 ff), diesem Übelstand abzuhelfen, wurden auch von der Fakultät gegenüber dem Kurfürsten vertreten, aber erst 1558 unter Kurfürst Ottheinrich (1502–1559) kam es zu einer durchgreifenden Reform. In der Artistenfakultät wurden fünf Lehrstühle eingerichtet, die erstmals auch bestimmten Fächern zugeordnet waren: Griechisch, Ethik, Physik, Mathematik, schließlich Redekunst und Poetik. In einem Erlass des Kurfürsten hieß es:

> »(...) so setzen wir und wollen mit sonderm ernst, das hinfurter zu allen zeiten in dieser faculteten funf publici professores seien, als nemlich einer, welcher linguam graecam, wie bis anhero auch gewesen, offentlich profitir und lehre, der ander aber sol ethicam, der dritt physicam, der vierdt mathematicam und der funft poeticam und oratoriam publice lesen und docieren (...).« (Thorbecke 1891, S. 96)

Sogar die Vorlesungszeiten wurden von Ottheinrich festgelegt. Die Artistenprofessoren erhielten nun auch ein festes Gehalt (zwischen 100 und 120 Gulden), allerdings weniger als die Professoren an den höheren Fakultäten (zwischen 140 und 180 Gulden für die Mediziner), was dazu führte, dass gewöhnlich der Physikprofessor bestrebt war, zum Professor der Medizin »aufzusteigen«.

Was waren nun die Inhalte der neuen Physikvorlesung? Glücklicherweise können wir das ziemlich genau sagen. Denn der erste Lehrstuhlinhaber, Sigismund Melanchthon, war ein Neffe des Reformators Philipp Melanchthon (1497–1560). Dieser hatte ein Lehrbuch der Physik geschrieben, an das sich sein Neffe vermutlich hielt. Philipp Melanchthon (◆ Abbildung 2.1) hatte schon mit zwölf Jahren sein Studium an der Universität Heidelberg begonnen und dann in Tübingen fortgesetzt. Mit 17 Jahren wurde er Magister an der Artistenfakultät und übernahm mit 21 Jahren den an der Universität Wittenberg neu eingerichteten

ABBILDUNG 2.1 Philipp Melanchthon, Reformator und Professor für griechische Sprache an der Universität Wittenberg. Er begann sein Studium in Heidelberg (Kupferstich von A. Dürer, 1526).

Lehrstuhl für griechische Sprache, ohne promoviert zu sein. Denn an der Artistenfakultät gab es nur den Magister als höchsten Abschluss. Melanchthon unterrichtete aber nicht nur Griechisch, sondern auch andere Fächer und verfasste unter anderem eine Einführung in die Physik mit dem Titel *Initia Doctrinae Physicae* (Melanchthon 1550). Dieses Buch war als Teil eines größeren Werkes konzipiert, das auch die Natur des Menschen, d. h. die Medizin, behandeln sollte.

Dieses Werk ist heute noch in der Universitätsbibliothek vorhanden. Als ich darin las, war ich zugleich begeistert und betrübt. Ich bedauerte es, nicht besser Latein zu können, um das offensichtlich in glänzendem Stil geschriebene, inhaltsreiche Buch flüssig lesen zu können. Das Buch ist klar und übersichtlich gegliedert, und hinten findet man sogar ein ausführliches Stichwortverzeichnis! Melanchthon stand natürlich fest auf dem Boden der aristotelischen Physik und des ptolemäischen Weltsystems, aber man findet auch die ganze Phalanx der griechischen Naturphilosophen: die Platoniker, die mit ihren Denkansätzen der modernen Physik viel näherstanden als Aristoteles, Eratosthenes mit der Bestimmung des Erdumfangs, Demokrit mit seinen Atomen, auch Aristarch von Samos mit seinem heliozentrischen Weltsystem. Er erwähnt sogar, dass diese Idee neuerdings wieder vertreten wird, lehnt sie aber ab. Durch seinen Wittenberger Kollegen Georg Joachim Rheticus, den einzigen Schüler des Kopernikus, war Melanchthon über die neuesten Entwicklungen in der Astronomie gut informiert. Aber nicht nur die Astronomie, sondern auch die Astrologie, wird von Melanchthon ausführlich behandelt. Dazu sollte man sich in Erinnerung rufen, dass selbst Kepler, der über siebzig Jahre nach Melanchthon geboren wurde, noch astrologische Gutachten verfertigte und damit gutes Geld verdiente.

Wie sein Onkel war auch Sigismund Melanchthon (1537–1573) ein hochbegabter junger Mann. Schon im Alter von zwölf Jahren begann er sein Studium an der Universität in Wittenberg und bestand das Examen als Baccalaureus schon nach einem Jahr. Er setzte sein Studium zunächst in Wittenberg und dann in Heidelberg fort, wo er als Achtzehnjähriger das Studium mit dem Magister Artium abschloss. Damit aber war keine feste Anstellung verbunden. Sigismund bewarb sich an verschiedenen Universitäten, ehe er endlich 1560 auf den Lehrstuhl für Physik in Heidelberg berufen wurde. Bei Dienstantritt überreichte er dem Rektor einen Brief seines Onkels, worin dieser seinen Neffen mit den folgenden Worten empfahl:

> »Und ich danke Euch allen, dass Ihr ihn [Sigismund Melanchthon] zu Euch berufen habt. Ich schätze, Euer einzigartiges Wohlwollen mir gegenüber hat Euch dazu bewegt, ihm diese Ehre zu erweisen. Allerdings kann ich Euch versichern, dass er die Grundzüge der Philosophie ordentlich gelernt hat und dass er neben seiner Bildung auch über weitere Tugenden, aber auch über Besonnenheit verfügt und sich um allgemeine Eintracht bemüht. Die Liebe zu seiner Heimat und die Erinnerung an unsere Vorfahren werden ihn dazu anhalten, den Frieden an der in seiner Heimat blühenden Universität mit größtem Eifer zu verteidigen. Deswegen lege ich Euch ans Herz, ihn zu leiten und zu schützen. Lebt wohl.« (Melanchthon 1560)

Nach zwei Jahren wurde Sigismund in Medizin promoviert und entschwand endgültig auf den besser dotierten Medizin-Lehrstuhl. Unter seinen Nachfolgern geriet die Physik in ein aus unserer heutigen Sicht seltsames Fahrwasser. Man legte Wert darauf, den Aristoteles im griechischen Original zu lesen; inzwischen waren nämlich die Schriften des Aristoteles inklusive der *Parva naturalia* im griechischen Original aufgetaucht.[6] Das hatte zwei Konsequenzen: Erstens gingen die Errungenschaften der scholastischen und arabischen Wissenschaft wieder verloren, und zweitens war die direkte Konfrontation mit diesen schwierigen Texten für die Studenten kaum zu bewältigen, und das wirkte Studienzeit verlängernd. Dieser zweite Punkt erregte den kurfürstlichen Unwillen. Gegen Ende des Jahrhunderts kam die Aufforderung an die Fakultät, sie möge einen Studienkurs einrichten, der in nicht mehr als drei Jahren zum Abschluss führt. Die Antwort der Fakultät, das *Judicium Facultatis philosophiae*, ist in mehrfacher Hinsicht bemerkenswert:

> »Dass erstlichen, waß den professorem physices anbelangt, derselbe integrum Aristoteles textum, qui 24. libros circiter obscurissimos

6 Aristoteles (384 – 322 v. Chr.) hatte selbst nur sehr wenige Schriften herausgegeben; er hinterließ jedoch eine große Anzahl von Notizen und Manuskripten. Die Geschichte dieses Nachlasses ist ziemlich unklar. Erst im 1. Jahrhundert v. Chr. entstand die Gesamtausgabe des Aristoteles mit den heute üblichen Titeln, ediert von Andronikos von Rhodos. Die Tradierung auch dieser Texte ist kompliziert und lückenhaft. Die griechischen Originale wurden nach der Eroberung von Konstantinopel durch die Türken (1453) von byzantinischen Gelehrten nach Westeuropa gebracht.

> continet, innerhalb dreien iahren fideliter, und wie sichs geburt, nicht explicieren könne, es were dan, dass er etliche bucher nur generaliter et latius, etliche aber per compendia explizieren wolte, welches zwar wol innerhalb dreien iahren geschehen könte. Es wurden aber durch solche compendia die studiosi a lectione Graeci textus Aristotelici gantz und gar avocirt, welches nit allein zum grossen privatschaden der studiosen, sondern auch zu mercklicher verachtung linguae Graecae und also zu geringem ruhm der universitet gereichen wurde.« (Winkelmann 1986, S. 343 f)

Ein Kommentar ist wohl überflüssig, außer vielleicht: Und uns macht man Vorwürfe, wenn wir unsere Fachsprache mit Anglizismen würzen!

Eine Sternwarte in Heidelberg

In der Mathematik sah es nach Ottheinrichs Reform erfreulicher aus. Zu Anfang der sechziger Jahre lehrte dort Wilhelm Xylander (Holzmann) (1532–1576) Griechisch, Mathematik und Logik. Er hatte zuvor den Euklid ins Deutsche übersetzt. Das ist bemerkenswert, denn offenbar wurde nun allmählich Deutsch die Unterrichtssprache. In der Palatina-Ausstellung konnte man ein von Xylander verfasstes Mathematikbuch sehen, enthaltend sphärische Geometrie, Abhandlungen über Brüche, über irrationale Zahlen, Proportionen und über den Gebrauch astronomischer Instrumente. Unter seinen Nachfolgern findet man Michael Mästlin (1550–1631), einen bedeutenden Astronomen, der hauptsächlich in Tübingen lehrte, aber während der Regierungszeit des lutherischen Kurfürsten Ludwig VI. von der Pfalz (1576–1583) einige Jahre in Heidelberg wirkte. Mästlin, der zu den wenigen Kopernikanern jener Zeit gehörte, wurde auch Johannes Keplers Lehrer. Während seiner Heidelberger Zeit verfasste Mästlin eine Schrift über die Kometen: Er erkannte, dass es sich dabei nicht, wie bis dahin angenommen, um eine atmosphärische, sondern um eine kosmische Erscheinung handelt.

Nach ihm betrieb Jakob Christmann (1554–1613) astronomische Studien an der Heidelberger Artistenfakultät. Er war ein zum calvinistischen Protestantismus konvertierter Jude und lehrte an der Universität Heidelberg Hebräisch, Arabisch und Logik. Daneben interessierte er sich auch für die Astronomie. Er war im Besitz eines außerordentlichen

Schatzes, nämlich des Autographen von Kopernikus' Werk *De Revolutionibus*, das manche Einzelheit enthielt, die der Herausgeber des gedruckten Buches vorsichtshalber weggelassen hatte. Dieses Exemplar ist jetzt im Besitz der Universität Krakau. In einem Brief aus dem Jahr 1604 wandte sich Christmann an Kepler, berichtet darin von seiner Sternwarte, der ersten in Heidelberg, und bittet um wissenschaftlichen Gedankenaustausch:

> »Hochberühmter Herr, verehrungswürdiger Freund! (...) Wir haben auf Grund einer Schenkung unseres sehr bedeutenden Kurfürsten Instrumente erhalten, die der hochberühmte Herr Valentinus Otho herstellen ließ. Diese haben wir im obersten Stockwerk des akademischen Wohngebäudes aufgestellt und so eine mathematische Sternwarte eingerichtet, die zur Beobachtung und zum Zeigen der Bewegung der Sonne, des Mondes, der übrigen Planeten und der Fixsterne sehr gut geeignet ist. Daneben habe ich auch privat und aus eigenen Mitteln weitere erforderliche Instrumente beschafft. Eine genaue Beschreibung werden wir später vorlegen. Aus diesen Gründen möchte ich Dich inständig bitten, wenn es beliebt, freundlicherweise mit uns in eine Korrespondenz über Himmelsbeobachtungen einzutreten, um auf diese Weise leicht Fortschritte in der Himmelsbeobachtung zu erreichen.«
> (Effinger et al. 2009, S. 81 ff)

Eine Antwort Keplers ist nicht bekannt. Im Jahr 1609 erschien Keplers Werk Astronomia Nova, das die ersten zwei Keplerschen Gesetze enthält. Obwohl Kepler in Prag arbeitete, wurde das Werk in Heidelberg bei dem kurpfälzischen Hofdrucker Gotthard Vögelin, dessen Haus und Druckerei dicht bei der Universität lagen, gedruckt. Der Kaiser hatte einen Druckkostenzuschuss von 900 Gulden bewilligt, im Verkauf kostete das Buch 3 Gulden.

Im Jahr 1609 führte Galilei das Fernrohr in die Astronomie ein. Daraufhin begann auch Jakob Christmann in Heidelberg mit dem Bau kleiner Fernrohre zur Himmelsbeobachtung. In den Jahren 1611/12 richtete er sein Fernrohr auf den Jupiter, um die ein Jahr zuvor von Galilei entdeckten Jupitermonde zu suchen. Er sah auch ein paar helle Pünktchen um den Jupiter herum, kam aber zu dem Schluss, dass es sich um eine Täuschung handeln müsse, denn andere helle Sterne zeigten bei ihm dasselbe Phänomen. So konnte er Galileis Entdeckung nicht bestätigen. Der

Grund war vermutlich, dass Christmanns Fernrohr nicht so gute Linsen hatte wie Galileis Instrument und deshalb Nebenbilder zeigte. Bei der Herstellung homogener optischer Gläser waren damals die Werkstätten in Venedig-Murano die unerreichten Meister. Allerdings war Christmann der erste, der ein Fernrohr auf eines der bis dahin gebräuchlichen astronomischen Messinstrumente, vermutlich auf einen Sextanten, montierte (Effinger et al. 2009, S. 81 ff).

Christmann beschäftigte sich auch mit der Astronomie der Araber und übersetzte ein Werk des bedeutenden arabischen Astronomen Alfraganus (um 800–870) aus dem Hebräischen ins Lateinische und verfasste einen Kommentar dazu. ◆ Abbildung 2.2 zeigt das Deckblatt, dessen Übersetzung lautet:

> »Von Muhamed Alfraganus, dem Araber, Grundzüge der Chronologie und Astronomie aus alten Büchern der Bibliotheca Palatina entnommen und mithilfe antiker Randnotizen kommentiert und geprüft.
>
> In einem hinzugefügten Kommentar werden die Kalender der Römer, Ägypter, Araber, Perser, Syrer und Juden erklärt und die Längen der wichtigsten Zeitalter so bestimmt, dass von den Olympischen Spielen und der Gründung Roms mithilfe der Lebensdaten Nabonassars [König von Babylonien 747–734 v. Chr.], Julius Cäsars und Christus eine klare Zeitskala bis zu unserer Zeit festgelegt werden kann.
>
> Der Autor ist Jakob Christmann aus Johannisberg, Professor an der berühmten Heidelberger Akademie.
>
> [Gedruckt in] Frankfurt
>
> bei den Nachfolgern des Andreas Wechelus, Claudius Marnus und Johannes Aubrius,1590«

Christmann starb 1613. Fünf Jahre später fiel für die Physik in Heidelberg der Vorhang: Ausgelöst durch das böhmische Abenteuer des Kurfürsten Friedrich V. begann der Dreißigjährige Krieg.

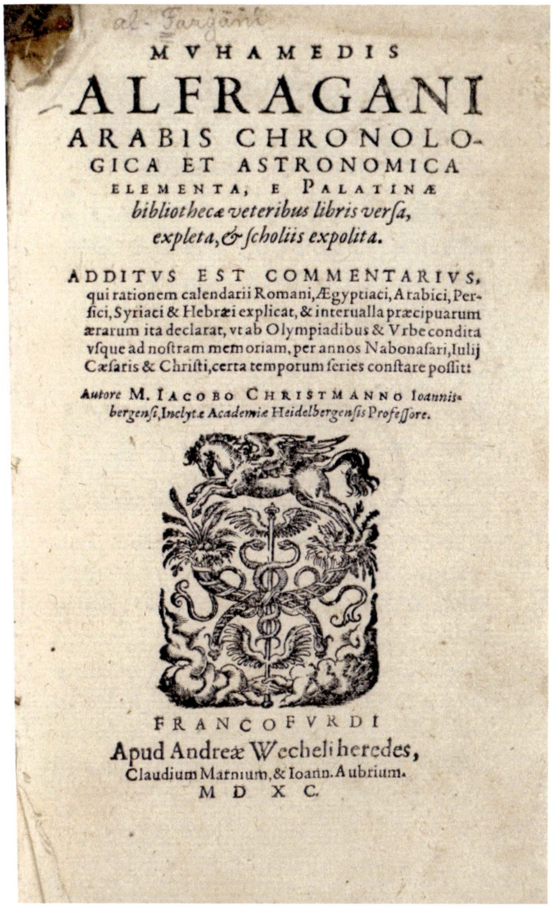

MVHAMEDIS

ALFRAGANI

ARABIS CHRONOLO-
GICA ET ASTRONOMICA
ELEMENTA, E PALATINÆ
*bibliothecæ veteribus libris verſa,
expleta, & ſcholiis expolita.*

ADDITVS EST COMMENTARIVS,
qui rationem calendarii Romani, Ægyptiaci, Arabici, Per-
ſici, Syriaci & Hebræi explicat, & interualla præcipuarum
ærarum ita declarat, vt ab Olympiadibus & Vrbe condita
vſque ad noſtram memoriam, per annos Nabonaſari, Iulij
Cæſaris & Chriſti, certa temporum ſeries conſtare poſſit:

Autore M. IACOBO CHRISTMANNO *Ioannis-
bergenſi, Inclytæ Academiæ Heidelbergenſis Profeſſore.*

FRANCOFVRDI
Apud Andreæ Wecheli heredes,
Claudium Marnium, & Ioann. Aubrium.
M D X C.

ABBILDUNG 2.2 Titelseite eines von Christmann übersetzten Werkes des arabischen Astronomen Alfraganu. Übersetzung auf Seite 44.

Der Dreißigjährige Krieg

Heidelberg wurde besonders hart vom Dreißigjährigen Krieg (1618–1648) getroffen. Die großartige Bibliotheca Palatina wurde geraubt und kurzerhand nach Rom entführt. Glücklicherweise, muss man sagen; denn dadurch wurde dieser einmalige Bücherschatz gerettet, wie ein Blick auf das Ende des Jahrhunderts zeigt. Die Heidelberger calvinistische Universität wurde geschlossen, aber als katholische Universität von einigen Jesuitenpatres in kleinstem Rahmen weitergeführt. Auch das hatte nach dem Einzug der Schweden ein Ende. Versuche, die Universität nunmehr wieder als protestantische Hochschule aufzubauen, verloren sich in den Kriegswirren. Dennoch blieb die Universität latent am Leben: Es gab zwar keine Vorlesungen, aber noch ein paar Professoren sowie Pedelle und bescheidene Reste des Universitätsvermögens (Wolgast 1986 S. 55 f). In der Zeittafel zum 17. Jahrhundert (Tabelle 4) sind wichtige Ereignisse aus der Physik, die gerade in diesem Jahrhundert große Fortschritte gemacht hatte, aus der Politik und aus dem Heidelberger Universitätsleben aufgelistet.

Erst 1652 wurde der Studienbetrieb wiedereröffnet. Kurfürst Karl Ludwig (1617–1680) versuchte mit aller Macht, die Universität wieder zu beleben. Zumindest in der Physik gelang das in hervorragendem Maße: Karl Ludwig berief Johann von Leuneschlos (1620–1699), Doktor der Medizin und der Philosophie, auf einen Lehrstuhl für Mathematik und Physik (◆ Abbildung 2.3). Dieser energische junge Mann war in ganz Europa herumgekommen und hatte in Holland, Frankreich, Italien, Schweden und Dänemark wissenschaftliche Kontakte geknüpft. Wie aus einer Ankündigung aus dem Vorlesungsverzeichnis für den Herbst 1661 hervorgeht, behandelte Leuneschlos in seiner Vorlesung, die mit Übungen im Observatorium und in freier Natur verbunden waren, ein erstaunlich weites Spektrum von Themen: Synthesis und Analysis der Zahlen, Harmonielehre, Geometrie, Astronomie, Geographie, Optik, Kriegs- und Zivilbaukunst und Mechanik. Übrigens enthielt damals (1661) das Vorlesungsverzeichnis gerade einmal vierzehn Veranstaltungen – für die ganze Universität (Ordo 1661). Die Physik lehrte Leuneschlos nicht nach Aristoteles oder anderen tradierten Autoritäten, sondern auf der Grundlage der Kenntnisse, die er sich bei seinen Reisen durch das nicht vom Dreißigjährigen Krieg tangierte Europa angeeignet hatte. Mit

Tabelle 4 Zeittafel zum 17. Jahrhundert. Zweite Spalte: Ereignisse aus der Geschichte der Physik. Dritte Spalte: Ereignisse der Heidelberg betreffenden politischen Entwicklungen. Rechte Spalte: Ereignisse an der Universität Heidelberg.

Jahr	Physik allgemein	Politik	Physik in Heidelberg
1600	Gilbert: De Magnete Galilei: Fallgesetze		Keplers Astronomia Nova erscheint in Heidelberg
1610	Galilei: Astronomische Beobachtungen mit dem Teleskop		Christmann: Beobachtungen mit dem Teleskop
1620		30-jähriger Krieg Tilly erobert Heidelberg	Bibliotheca Palatina nach Rom transportiert
1630	Galilei: Dialogo (heliozentrisches Weltsystem)	Schweden in Heidelberg	Letzte Immatrikulation an der Universität
1640	Galilei: Discorsi (Mechanik)	Kaiserliche Truppen in Heidelberg	
1650	Huygens: Pendeluhr	Kurfürst Karl Ludwig	Wiedereröffnung des Studienbetriebs
1660	v. Guericke: Vakuum		Leuneschlos baut das mathematische und physikalische Studium wieder auf
1670	Huygens: Stoßgesetze	Liselotte von der Pfalz heiratet Philipp v. Orleans	
1680	Newton: Principia		
1690	Huygens: Traité de la Lumière	Pfälzer Erbfolgekrieg Heidelberg verwüstet	Universität flüchtet nach Frankfurt
1700	Newton: Opticks	Kurpfalz wird katholisch	Jesuiten-Professoren

ABBILDUNG 2.3 Johannes von Leuneschlos, von 1653 bis 1695 Professor in Heidelberg (Kupferstich).

ausdrücklicher Genehmigung des Kurfürsten trug er den Stoff in freier Rede vor (Wolgast 1986, S. 63). Ein wahrhaft revolutionärer Aufbruch in die neue Zeit.[7]

Der pfälzische Erbfolgekrieg

Der Neubeginn fand durch einen politischen Fehler Karl Ludwigs ein jähes Ende. Im Jahr 1671 verheiratete er seine Tochter Liselotte mit Philipp von Orléans, dem Bruder Ludwigs XIV. von Frankreich. Obgleich im Ehevertrag ausdrücklich auf die Pfälzer Erbansprüche Liselottes verzichtet worden war, erwies sich dieser politische Schachzug Karl Ludwigs als verhängnisvoll. Er starb 1680, und schon 1685 starb auch sein Sohn Karl, kinderlos. Die Pfalz ging so auf dem Erbwege an die katholische Linie Pfalz-Neuburg. Nun aber

7 Übrigens übertrug Leuneschlos mit Genehmigung der Regierung sein Amt an seinen Sohn – die erste Erbprofessur in Heidelberg.

beanspruchte auch der französische König Ludwig XIV. für seinen Bruder Teile der Pfalz. Als er bei den deutschen Fürsten und auf dem Reichstag zu Regensburg auf Widerstand stieß, begann er den Pfälzer Erbfolgekrieg (1688–1697). In seinem Verlauf erfolgte der Befehl: »Brûler le Palatinat!« Er wurde von Mélac und seinen Truppen mit absoluter Konsequenz ausgeführt. In Heidelberg blieb kaum ein Stein auf dem anderen. Nur wenige Häuser blieben erhalten, so z. B. das Haus zum Ritter und das Dominikanerkloster, in das später die Physik einzog. Die französischen Truppen verhinderten vier Jahre lang auch jeglichen Wiederaufbau. Von der Universität war am Ende des 17. Jahrhunderts nur noch ein Trümmerhaufen übrig.

Kurfürst Johann Wilhelm (1658–1717) setzte sich mit Energie und Geschick für den Wiederaufbau der Stadt und der Universität ein, wovon das heutige Stadtbild zeugt. In der Philosophischen Fakultät, so wurde die Artistenfakultät inzwischen genannt, wurden jedoch sämtliche Lehrstühle mit Jesuiten besetzt: kein gutes Omen für den Start in ein Jahrhundert, in dem in Basel die Bernoullis und in Berlin Euler und Lagrange wirkten, um nur ein paar Namen zu nennen. Auch in den anderen Fakultäten entwickelten sich die Dinge nicht zum Besten. Am Ende des Jahrhunderts (1798) diagnostizierte der Rektor der Universität, Prof. Dr. med. F. A. Mai: »Die hohe Schule zu Heidelberg hat die Gebrechen des höchsten Alters: Stumpfheit und Untätigkeit.« (Wolgast 1986, S. 85).

Glücklicherweise galt das nicht für die Physik. Zwar sorgten zunächst die Jesuiten auf dem Physik-Lehrstuhl für eine konsequente Rückkehr zu Aristoteles. Ihnen wurde allenfalls Scharfsinn und Spitzfindigkeit bei der Lösung vertrackter logischer Probleme bescheinigt. Aber schon ab 1720 hielt ein junger Mediziner, Wilhelm Bernhard Nebel (1699–1748), »privatim« Physikvorlesungen mit Experimenten. Er hatte in Basel bei Johann Bernoulli studiert und brachte von dort die neuesten Erkenntnisse in Physik und Mathematik mit. Und mit seinem Nachfolger Christian Mayer wurde in Heidelberg zum ersten Mal international beachtete Forschung betrieben.

3.

Zunehmende Bedeutung der Naturwissenschaften (1750–1900)

Wissenschaft ist eine zarte Pflanze, die nur in günstigem Umfeld gedeiht. Eine Gesellschaft, die um ihr Überleben kämpfen muss, leistet sich keine Wissenschaft. Das galt auch für Heidelberg im 17. Jahrhundert, als die Universität wegen der Zerstörungen durch zwei Kriege zeitweise sogar geschlossen war. Der Erholung begann nur langsam. Erst Mitte des 18. Jahrhunderts, mit der Regierung Karl Theodors, waren der politische Wille und die materiellen Ressourcen vorhanden, um die Naturwissenschaften im Raum Heidelberg-Mannheim kräftig zu fördern. Diese Entwicklung beschleunigte sich im 19. Jahrhundert im Zuge der Industrialisierung. Die fast zwei Jahrhunderte von etwa 1750 bis etwa 1900 waren für die Physik und Astronomie an der Universität Heidelberg eine gute Zeit. Durch einige hervorragende Wissenschaftler wurde Heidelberg zeitweise sogar international sichtbar, so durch den Astronomen Christian Mayer und die Physiker Gustav Kirchhoff und Hermann Helmholtz.

Der Astronom Christian Mayer

Im Jahr 1742 wurde Karl Theodor (1724–1799) im Alter von 18 Jahren Kurfürst (◆ ABBILDUNG 3.1). Mit ihm begann eine Blütezeit der Naturwissenschaften in der Region. An der Universität Heidelberg richtete er 1752 einen Lehrstuhl für experimentelle und mathematische Physik ein. Als erster Professor wurde der Jesuitenpater Christian Mayer (1719–1783) berufen, ein höchst bemerkenswerter Mann (◆ ABBILDUNG 3.2) (Kollnig 1985; Moutchnik 2006). Er hatte in Würzburg an der Artistenfakultät studiert und mit dem Magister abgeschlossen. Im Jahr 1745 wurde er in den Jesuitenorden aufgenommen und fünf Jahre später zum Priester geweiht. Seine Berufung nach Heidelberg verdankte er einer Empfehlung des Beichtvaters Karl Theodors, des Ordensprovinzials der Jesuiten, Pater Franz Seedorf.

Im 18. Jahrhundert begannen die gebildeten Kreise sich für naturwissenschaftliche Phänomene zu interessieren, teilweise aus wirklicher Neugier und teilweise aus Lust am Spektakulären. Es war nicht unüblich, dass die Herrschaften vom Hofe an Physikvorlesungen mit Demonstrationen teilnahmen. Da auch der Pfälzer Kurfürst sich für Mayers Physikvorlesung interessierte, verfügte er, dass sie in einen geräumigen Hörsaal im Erdgeschoss des Universitätsgebäudes verlegt wurde, in dem auch Gestühl für Ehrengäste vorhanden war. Die bisherigen Nutzer des Saals, die Logiker, mussten mit dem weniger komfortablen bisherigen Physikhörsaal im 3. Stock des Gebäudes vorliebnehmen.

Für die Physikvorlesung mussten geeignete Geräte beschafft werden. Denn was Mayer vorfand, als er nach Heidelberg kam, ist schnell aufgezählt:

> »1. Eine große Bilder-Dreh-Maschine.[8]
> 2. Eine alte Wolfische Luftpumpe, welche P. Mayer mit verschiedenen Schraubossen brauchbar machte.
> 3. Zwey Astrolabia von Messing samt einer eisernen Monats Platt und holtzern Maassstab.
> 4. Ohngefähr 70 Messinge Glasschlettschalen, wozu P. Mayer noch mehrere allher aus seinen Mitteln hat herstellen lassen.« (Quincke 1885, S. 33)

8 Bei der Bilder-Dreh-Maschine könnte es sich um eine Art Drehbank gehandelt haben, Schraubossen waren die Hanfdichtungen in Gewinden, und die Glasschlettschalen dienten zum Schleifen von Linsen.

ABBILDUNG 3.1 Kurfürst Karl Theodor von der Pfalz in kurfürstlichem Ornat (Gemälde um 1755).

ABBILDUNG 3.2 Der Astronom Christian Mayer auf einer in seinem Todesjahr 1783 geprägten Gedenkmedaille.

Für die Beschaffung neuer Instrumente erhielt Mayer neben seinem Gehalt von 200 Gulden jährlich eine Pauschale von 30 Gulden – der erste reguläre Sachmittel-Etat in der Heidelberger Physik. Wenig später wurden die Mittel auf 250 Gulden plus 80 Gulden jährlich erhöht. Für den Aufbau der Sammlung verwendete Mayer aber nicht nur die kurfürstlichen Sachmittel, sondern auch einen Teil seiner persönlichen Bezüge. Er hinterließ eine Sammlung von 900 Apparaten, die in einem Saal von 235 m² im obersten Stockwerk des Gebäudes des Jesuitenkollegs (◆ ABBILDUNG 3.3) neben der Jesuitenkirche aufgestellt waren. Testamentarisch bestimmte er, dass nach seinem Tod der Gegenwert seiner Eigentumsrechte an den Geräten, 500 Gulden, für die Unterstützung bedürftiger Studenten aufzuwenden sei.

Seine berühmt gewordenen Demonstrationsvorlesungen führte Mayer in der Regel dreimal wöchentlich von 15 bis 16 Uhr durch. Dazu schrieb er:

> »Die experimentelle Physik ist eine Wissenschaft, die die Dinge und die Ursachen und die Naturphänomene erforscht und zu diesem Zwecke Experimente durchführt. Ein Experiment ist ein nach einem

ABBILDUNG 3.3 Die Heidelberger Jesuitenkirche. In dem an die Kirche links angrenzenden Gebäude befand sich Mayers Physikalisches Kabinett im oberstem Stockwerk (Lithographie um 1850).

> bestimmten Plan angelegter Versuch zu einer einzelnen Sache in Hinblick auf ein bestimmtes, nicht selten für den Menschen heilbringendes Naturereignis und zur Entdeckung oder Erklärung der wissenschaftlichen Wahrheit.« (Moutchnik 2006, S. 49)

Das ist ein erstaunlich klares Bekenntnis zur Physik als empirischer Wissenschaft und eine klare Abkehr von Aristoteles. In Mayers Vorlesungen saßen jeweils etwa 20 bis 30 Studenten. Diejenigen unter ihnen, die bei ihm eine Abschlussarbeit machen wollten, band er in seine vielfältigen Forschungsprojekte ein. Auch in dieser Hinsicht war er schon ein ganz moderner Hochschullehrer. Für eine von ihm betreute Magisterarbeit zeigt ◆ Abbildung 3.4 das Titelblatt, dessen Übersetzung lautet:

> »**Die Höhe des Polarsterns**
> an der kurfürstlichen Sternwarte, die sich befindet im Schwetzinger Schloss des durchlauchtigsten und mächtigsten **Kurfürsten von der Pfalz**, hier als erstes Beispiel für Himmelsbeobachtungen getestet und mit Berechnungen unterstützt, um die Breitengrade der wichtigsten Städte der Pfalz zu bestimmen.
> Eine [Magisterarbeit], die mit ausgewählten Thesen aus der Mathematik und Experimentalphysik unter dem Vorsitz von **P. Christian Mayer, S.**J. Magister der Philosophie, Astronom des durchlauchtigsten und mächtigsten Kurfürsten von der Pfalz und öffentlicher und ordentlicher Professor der Mathematik und Physik an der Philosophischen Fakultät der nährenden und ältesten Heidelberger Universität, Dekan und Mitglied der Bonner Akademie der Wissenschaften, öffentlich verteidigt wird durch den ehrenhaften, ausgezeichneten und gelehrten Herrn **D. Franciscus Jacobus Schwarz** von Weingarten A.A. L.L. & Bachelor der Philosophie und Hörer der Physik, Ethik und Mathematik, S.C.C. als dritter Kandidat in der Heidelberger akademischen Aula am 3. September 1766 zur üblichen Stunde.
> Mannheim, aus der kurfürstlichen Druckerei Aulico.«

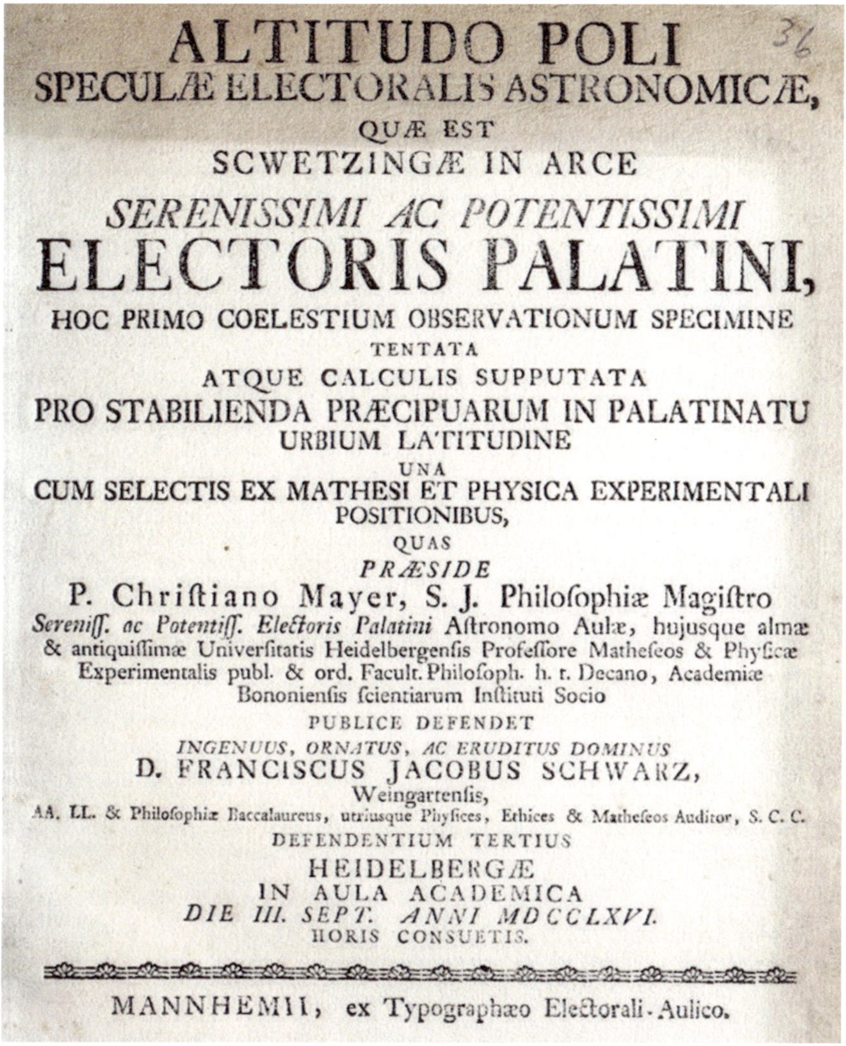

ALTITUDO POLI
SPECULÆ ELECTORALIS ASTRONOMICÆ,
QUÆ EST
SCWETZINGÆ IN ARCE
SERENISSIMI AC POTENTISSIMI
ELECTORIS PALATINI,
HOC PRIMO COELESTIUM OBSERVATIONUM SPECIMINE
TENTATA
ATQUE CALCULIS SUPPUTATA
PRO STABILIENDA PRÆCIPUARUM IN PALATINATU
URBIUM LATITUDINE
UNA
CUM SELECTIS EX MATHESI ET PHYSICA EXPERIMENTALI
POSITIONIBUS,
QUAS
PRÆSIDE
P. Chriſtiano Mayer, S. J. Philoſophiæ Magiſtro
Sereniſſ. ac Potentiſſ. Electoris Palatini Aſtronomo Aulæ, hujusque almæ
& antiquiſſimæ Univerſitatis Heidelbergenſis Profeſſore Matheſeos & Phyſicæ
Experimentalis publ. & ord. Facult. Philoſoph. h. t. Decano, Academiæ
Bononienſis ſcientiarum Inſtituti Socio
PUBLICE DEFENDET
INGENUUS, ORNATUS, AC ERUDITUS DOMINUS
D. FRANCISCUS JACOBUS SCHWARZ,
Weingartenſis,
AA. LL. & Philoſophiæ Baccalaureus, utriusque Phyſices, Ethices & Matheſeos Auditor, S. C. C.
DEFENDENTIUM TERTIUS
HEIDELBERGÆ
IN AULA ACADEMICA
DIE III. SEPT. ANNI MDCCLXVI.
HORIS CONSUETIS.

MANNHEMII, ex Typographæo Electorali-Aulico.

ABBILDUNG 3.4 Titelblatt einer unter der Betreuung Christian Mayers angefertigte Magisterarbeit aus der Astronomie. Übersetzung auf Seite 56

Mayers astronomische Entdeckungen

Im Jahr 1757 schickte Karl Theodor, der mit der Mannheimer Trinkwasserversorgung unzufrieden war, Mayer nach Paris, um das dortige System zu studieren. Diese Aufgabe hatte Mayer schnell gelöst, und so fand er Zeit, mit den Pariser Astronomen Kontakt aufzunehmen. Er begeisterte sich für dieses Forschungsgebiet dermaßen, dass er die ursprünglich geplante Weiterreise nach Marseille unterließ und von dem gesparten Reisegeld astronomische Instrumente kaufte.

Bald darauf konnte man Mayer und den Kurfürsten nächtlich im Schwetzinger Schlosspark in einer improvisierten Sternwarte durchs Fernrohr blicken sehen, und bald gab es auch eine kleine Beobachtungskuppel auf dem Dach des Schlosses. Zweimal, in den Jahren 1761 und 1769, beobachtete Mayer den Vorübergang der Venus vor der Sonnenscheibe. Das erste Mal zusammen mit dem Kurfürsten im Schwetzinger Park, das zweite Mal in St. Petersburg, wohin Mayer eine ehrenvolle Einladung erhalten hatte und wo er auch den Mathematiker Leonard Euler (1707–1783) traf. Die Vermessung des zeitlichen Verlaufs des Venusdurchgangs ist der Schlüssel zu einer wichtigen Größe der Astronomie, dem mittleren Abstand der Erde von der Sonne. Aus den Daten, die an unterschiedlichen geographischen Orten vom Venusdurchgang aufgenommen werden, lässt sich diese Größe, auch Astronomische Einheit genannt, errechnen. Die Auswertung der Daten der Beobachtungskampagne von 1769, an der auch Mayer beteiligt war, ergab einen Wert von 150±2 Mio. km, der gut mit dem heutigen Wert übereinstimmt.

1771 wurde mit dem Bau einer großen Sternwarte in Mannheim begonnen. Das eindrucksvolle Gebäude steht noch heute (◆ Abbildung 3.5). Das Gebäude wurde 1774 vollendet und bis 1880 für Beobachtungen genutzt. Damals beherbergte es eines der leistungsfähigsten Observatorien Europas, in das der Kurfürst insgesamt die spektakuläre Summe von etwa 70 000 Gulden investierte. Die Sternwarte war ein 33 m hoher, fünfstöckiger, solider und zugleich architektonisch ansprechender Bau. Der zweite Stock enthielt einige bewegliche Instrumente, mit denen man von kleinen Balkonen astronomische Beobachtungen anstellen konnte. Im fünften Stock waren die unbeweglichen Instrumente, wie z. B. der Mauerquadrant (◆ Abbildung 3.6) untergebracht. Dessen Radius betrug 2,4 m. Das ursprüngliche Fernrohr stammte aus der Werkstatt des John Dolond in London und besaß eine Winkelauflösung von 3″. Die Sternwarte zog viele Besucher an, die teilweise aus wissenschaftlichem Interesse kamen,

ABBILDUNG 3.5 Grundriss, Aufriss und Durchschnitt der Sternwarte in Mannheim.

teilweise auch wegen des schönen Rundblicks auf Mannheim. In dem heute noch erhaltenen Gästebuch findet man unter anderem die Einträge von Wolfgang Amadeus Mozart, Alessandro Volta und Thomas Jefferson, dem (späteren) dritten Präsidenten der USA (Moutchnik 2006, S. 251 ff).

Im Schwetzinger Schloss hatte sich Mayer auf Beobachtungen im Planetensystem beschränkt. Nach Inbetriebnahme der neuen Mannheimer Sternwarte wandte er sich der Stellar-Astronomie zu, einem damals noch wenig bearbeiteten Gebiet. Er vermaß die Eigenbewegung von Fixsternen und führte als Erster genaue Messungen an Doppelsternsystemen aus, wozu eine gute Auflösung erforderlich war. Er gelangte zu der Schlussfolgerung, dass es sich hier um zwei Himmelskörper handelt, die sich nach den Newtonschen Gesetzen um den gemeinsamen Schwerpunkt bewegen. Mayer gehörte zu den angesehensten Astronomen seiner Zeit. Er war Mitglied der Akademien in München, London, Bologna, St. Petersburg und Philadelphia. Dass sein Name heute nicht mehr so bekannt ist, liegt daran, dass sein Ruhm bald von dem Genie des in England tätigen Friedrich Wilhelm Herschel (1738–1822) überstrahlt wurde.

ABBILDUNG 3.6 Nachbau des Mauerquadrants von John Bird. Er war das Hauptinstrument der Mannheimer Sternwarte.

Die Kurpfälzische Akademie der Wissenschaften

Eine weitere Initiative Karl Theodors war die Gründung einer Akademie der Wissenschaften in Mannheim. In jener Zeit waren die Akademien für die Forschung zuständig, während die Universitäten vorrangig Wissen vermitteln sollten. Besonders hervorzuheben war die Abteilung für Wetterkunde in der Akademie, geleitet von Johann Jakob Hemmer (1733–1790), der wohl als Begründer der modernen wissenschaftlichen Meteorologie anzusehen ist. Als Erster errichtete er ein weltweites Netz von meteorologischen Beobachtungsstationen, er sorgte für einheitliche Mess- und Auswerteverfahren und für die Sammlung, Archivierung und Veröffentlichung der Daten (Cappel 1980). Das Netz umfasste 14 Stationen in Deutschland und 25 weitere im Ausland. Es reichte von Nordamerika bis zum Ural und von Grönland bis zum Mittelmeer. Wie konnte ein solches Projekt im 18. Jahrhundert realisiert werden? Mit einer umfangreichen Korrespondenz wurden die Beobachter angeworben. Geeignete Instrumente wurden in Mannheim entwickelt und gefertigt. Jede Beobachtungsstation erhielt ein Barometer, ein Thermometer, ein Hygrometer und einen Kompass zur Bestimmung der Windrichtung. Die Instrumente waren dreimal täglich zu festgesetzten Zeiten abzulesen. Die Daten wurden zusammen mit anderen Beobachtungen in Tabellen eingetragen, die Hemmer entworfen und mitgeliefert hatte. Diese Tabellen wurden dann in Mannheim gesammelt, geordnet und in Jahrbüchern, den *Ephemerides Societatis Meteorologicae Palatinae,* veröffentlicht. Eine erstaunliche organisatorische Leistung! Hemmer interessierte sich auch für Physik und arbeitete mit Laborexperimenten an der Erforschung der Elektrizität. Er untersuchte qualitativ das Leitvermögen von anorganischen und organischen Stoffen. Interessanterweise beobachtete und erforschte Hemmer auch die magnetisierende Wirkung elektrischer Ströme, allerdings ohne zu konkreten Ergebnissen zu kommen. Das lag wohl daran, dass ihm als Stromquelle nur die Reibungselektrizität zur Verfügung stand. Mit einer Influenz-Maschine kann man zwar hohe Spannungen, aber keine starken Ströme erzeugen. Einige der Hemmerschen Erkenntnisse wurden zeitnah auch sehr praktisch angewandt. In Mannheim und Umgebung wurden über 150 öffentliche Gebäude, insbesondere die Pulvertürme, nach seinen Plänen mit Blitzableitern ausgerüstet (Hemmer 1780).

Vielleicht war das Verhältnis zwischen der Heidelberger Universität und der Mannheimer Akademie damals ansatzweise ähnlich wie das Verhältnis zwischen Universität und Max-Planck-Instituten heute. Die Akademie war besser ausgestattet und etwas distinguierter als die Universität, aber mit ihr personell verbunden. Nach den Statuten der Mannheimer Akademie waren Jesuiten als Mitglieder nicht zugelassen. Deswegen wurde Christian Mayer erst aufgenommen, nachdem der Papst im Jahr 1773 den Jesuitenorden aufgelöst hatte. Nach seiner Aufnahme gab Mayer seine Heidelberger Professur auf, behielt aber Sitz und Stimme an der Fakultät – ein Vorläufer des »persönlichen Ordinarius«, einer Spezialität der Heidelberger Fakultät für Physik und Astronomie. Jedenfalls scheint die gute Zusammenarbeit zwischen Universität und außeruniversitären Forschungseinrichtungen in Heidelberg Tradition zu haben.

Die Staatswirtschaftliche Hohe Schule

Noch eine dritte Lehr- und Forschungseinrichtung wurde von Karl Theodor gefördert (Lessing 1985). In Kaiserslautern hatte der Apotheker und Bienenzüchter Johann Riem im Jahr 1769 eine »physikalisch-ökonomische Bienengesellschaft« gegründet. Die Zielsetzung entsprach zunächst der einer landwirtschaftlichen Volkshochschule. 1774 gründete Karl Theodor auf dieser Grundlage die sogenannte »Kameral Hohe Schule«, eine Fachhochschule, die die zukünftigen Verwaltungsbeamten der Pfalz ausbilden sollte. 1784 wurde sie nach Heidelberg verlegt und der Universität angegliedert. Sie wurde recht großzügig im »Palais Weimar«, Hauptstraße 135, untergebracht, in dem Haus, das heute das Völkerkundemuseum beherbergt (◆ Abbildung 3.7).

Für den naturwissenschaftlichen Unterricht wurde ein tüchtiger junger Chemiker, Georg Adolf Suckow, berufen. Die Breite der Themen, über die er las, ist bemerkenswert. Im Sommerhalbjahr 1780 las er »Physik mit Übungen« von 9 bis 10 Uhr, »Chemie mit Versuchen im Laboratorium« von 11 bis 12 Uhr und »Allgemeine Naturgeschichte, Zoologie, Botanik und Mineralogie« von 14 bis 15 und 16 bis 17 Uhr. Und das jeden Werktag! Im Winter las er dann reine und angewandte Mathematik (inklusive Bewegungskunde). Bald gab es auch einen Professor für Staatswirtschaft und einen für Landwirtschaft und Technologie. 1790 erschien das erste

HEIDELBERG UM 1845

Abbildung 3.7 Heidelberg von der Nordseite aus gesehen. Im Vordergrund das Palais Weimar (Pfeil), in dem die Staatswirtschaftliche Hohe Schule untergebracht war (Stahlstich um 1845).

Heft einer neuen wissenschaftlichen Zeitschrift, *Technologisches Magazin* genannt. Der Herausgeber, Christof Wilhelm Gatterer, war Professor für Landwirtschaft und Technologie und in dieser Position Nachfolger von Johann Heinrich Jung-Stilling, einer sehr bekannten Persönlichkeit jener Zeit. Der bekannteste Absolvent der Staatswirtschaftlichen Hohen Schule war Carl von Drais, der unter anderem die »Laufmaschine«, einen Vorgänger des Fahrrads, erfand. Ihm hatte Suckow bescheinigt, dass er sich »auch durch Fortschritte und Beweise des eigenen Nachdenkens auf das Vorteilhafteste ausgezeichnet habe« (Lessing 1985, S. 120).

Ein Rückschlag

Die Region Heidelberg/Mannheim schien – jedenfalls im naturwissenschaftlichen Bereich – nicht schlecht gerüstet und mit erweitertem Horizont in das industrielle Zeitalter aufzubrechen. Gegen Ende des Jahrhunderts erfolgte leider wieder einmal ein großer Rückschlag. Obgleich Karl Theodor nie einen Krieg geführt hatte, verschlechterten sich die Staatsfinanzen rapide, und seine Konstruktionen erwiesen sich als wenig haltbar. Als nachteilig erwies sich auch, dass Bayern nach dem Tode des bayrischen Kurfürsten an Karl Theodor fiel und er nach München zog. Nach dem Umzug begann der allmähliche Verfall der Mannheimer Akademie.

»Auch sie starb an gänzlicher Entkräftung.« schreibt Walther in seiner Geschichte Mannheims. »Es ist den Wissenschaften in Mannheim ähnlich wie den Künsten ergangen: sie waren höfischen Ursprungs und verloren nach dem Wegzug des Musenhofes immer mehr an Boden.« (Walther 1907, S. 624)

Im ersten Koalitionskrieg wurde Mannheim 1795 belagert und beschossen. Dabei brannten das physikalische Kabinett der Akademie und Hemmers Laboratorium aus. Damit war dieser Teil der naturwissenschaftlichen Lokalgeschichte abgeschlossen. Der letzte Band von Hemmers *Ephemeriden* enthält die Daten von 1792.

Nun brach der Wirbelsturm der Napoleonischen Kriege über Europa herein. Am Ende des Feldzugs in Norditalien stand der Frieden von Campo Formio. Im Jahr 1797 wurden alle linksrheinischen Teile Deutschlands an Frankreich abgetreten. Das war das wirtschaftliche Ende für die Universität Heidelberg. Denn sie finanzierte sich nach wie vor aus ihren Besitzungen, die fast ausschließlich auf dem linken Rheinufer lagen. Hier konnte nur noch eine gründliche Reform helfen, und die ließ gottlob nicht lange auf sich warten.

Bevor wir uns dieser Reform zuwenden, noch ein Rückblick auf die Lehrinhalte: Zu den Lehraufgaben des Physikprofessors gehörte damals noch die gesamte Lehre von der unbelebten Natur, insbesondere auch die Chemie und Mineralogie. Oft gehörte auch die Mathematik oder Teile davon dazu. Wo in der Vorlesung und in der sich nun anbahnenden Forschung die Schwerpunkte gesetzt wurden, hing von den Interessen des Professors ab. Von Mayers Astronomie wurde schon berichtet. Einer seiner Nachfolger, Johannes Schwab (1731–1795), veröffentlichte zahlreiche Arbeiten auf dem Gebiet der Mineralogie, und Georg Adolf Suckow

(1751–1813), der abwechselnd mit dem Physikprofessor die Physik zu lesen hatte, war reiner Chemiker.

Ein wichtiges Ereignis war die Teilung der Physik in einen Teil, den man mathematisch beschreiben konnte, und einen mehr qualitativen. Ein Antrag der Philosophischen Fakultät vom 7. September 1780 lautete:

> »Philosophische Fakultät wünscht die Gegenstände der Mathesis genau von jenen der Physik geteilet und daher die Mechanik, Hydraulik und alle übrigen Teile der angewandten Mathesis dem professori matheseos allein überlassen. Sowohl dem zeitlichen physicus als mathematicus soll ein Schlüssel zu dem Instrumentensaal zugestellt werden.« (Cod. Heid.)

Zur »angewandten Mathesis« gehörte alles, was man rechnen konnte, also z. B. auch die Optik. Diese institutionelle Trennung, gegen die Mayer Einspruch erhob, wirkte sich noch bis weit ins 19. Jahrhundert hinein nachteilig auf die Physik aus.

Reorganisation der Universität

Im Jahr 1803 kam Heidelberg unter die Herrschaft des badischen Markgrafen Karl Friedrich (1728–1811), der 1806 Großherzog von Baden wurde (◆ Abbildung 3.8).

Schon 1803 erfolgte die Reorganisation der Universität, deren wichtigster Punkt die Finanzierung war. Ab diesem Zeitpunkt wurde die Universität direkt aus staatlichen Mitteln finanziert. Anfänglich betrug der Etat 40.000 Gulden pro Jahr und wuchs bis 1850 auf 100.000 Gulden jährlich an. Aus Dankbarkeit hieß die Universität fortan »Ruprecht-Karls-Universität«, nach ihrem Gründer Ruprecht und nach ihrem Retter Karl. Im Jahr 1805 drohte der Universität noch einmal eine Existenzkrise: Nachdem der Breisgau an Baden gefallen war und damit Baden in Freiburg eine zweite Universität besaß, gab es Bestrebungen, die Universität Heidelberg in ein besseres Gymnasium umzuwandeln und vielleicht sogar nach Rastatt zu verlegen. Glücklicherweise kam es anders, jedenfalls für Heidelberg, denn der badische Minister von Reitzenstein setzte sich mit seiner Ansicht durch, Freiburg sei

Abbildung 3.8 Karl Friedrich, Markgraf und später Großherzog von Baden (Kupferstich 1791).

»bloß als Depotbataillon anzusehen und zu behandeln, wohin man successive und bis zur gänzlichen Ausmerzung die mediokren Subjekte von Heidelberg untersteckt«. (Wolgast 1986, S. 90)

Kastner und Suckow in Konkurrenz

Von den Reitzensteinschen Plänen profitierte auch die Physik in Heidelberg. Jacob Schmitt, der letzte Ordensmann auf dem Lehrstuhl für Experimentalphysik, wurde nach Freiburg versetzt, und auf den Physiklehrstuhl wurde 1805 Karl Wilhelm Gottlob Kastner (1783–1857) berufen (Schneider 1913). Das war ein Mann, wie man ihn sich damals kaum besser wünschen konnte. Der Prototyp eines jungen Wissenschaftlers aus dem nun anbrechenden Zeitalter der Romantik; man kann ihn sich wohl vorstellen wie den jungen Naturforscher in Kellers Novelle *Das Sinngedicht.* Aber Kastner, der von Jena nach Heidelberg gekommen war, begann seine Arbeit mit einem schweren Handicap. Das von Mayer aufgebaute physikalische Kabinett war zu guter Letzt noch von Schmitt der Kameralschule übergeben worden.[9] Zusammen mit den schon vorhandenen Geräten und Laboratorien befand sich dort nun eine sehr gute Ausstattung, aber das Ganze unterstand dem inzwischen alt gewordenen Professor Suckow.

Die Studenten waren von Kastner begeistert, der alte Suckow dementsprechend nicht so sehr, denn die Studenten gingen lieber zu Kastner in die Vorlesung als zu ihm. Aber Suckow war Herr über die Einrichtungen der Kameralschule, während Kastner nichts hatte, keine Apparate und kein Labor. Vergeblich bat Kastner darum, die Apparate und das Laboratorium mit benutzen zu dürfen. Auch eine Eingabe an die Staatsregierung, ihm die Einrichtung eines eigenen Laboratoriums zu ermöglichen, blieb ohne Erfolg. Am 22. Juli 1807 erklärte die Staatsregierung der Universität:

»dass man das Erfinden im Scientifischen für das Geschäft des Gelehrten, aber nicht für jenes des Lehrers halte, welcher als

9 Das Physikalische Kabinett befand sich damals schon nicht mehr in dem für Christian Mayer hergerichteten großem Saal, sondern unter recht beengten Verhältnissen im Universitätsgebäude, in den drei Räumen, in denen heute das Universitätsmuseum untergebracht ist.

> solcher gleich dem Richter nicht die Gesetzgebung, sondern die Ausführung des gegebenen Gesetzes zu berücksichtigen habe«. (Quincke 1885, S. 38)

Diese Auffassung hatte schon unter dem Kurfürsten Karl Theodor dazu geführt, dass die von ihm gegründete Mannheimer Akademie für die Forschung zuständig war und die Universität für die Lehre. Glücklicherweise hat sich diese Arbeitsteilung nicht durchgesetzt.

Kastner machte sich noch in anderer Hinsicht »missliebig«: Er hielt zum Entzücken der Studenten seine Vorlesung in freiem Vortrag. Damit zog er sich den Vorwurf zu, es sei nicht ersichtlich, »nach welchem angenommenen System er lehre«. In der Tat, höchst bedenklich! Nun, diesem Anwurf entzog sich Kastner dadurch, dass er kurzerhand ein Buch schrieb: *Dr. Kastner: Grundriss der Experimentalphysik*, sogar recht ausführlich in zwei handlichen Bänden von je 450 Seiten (◆ Abbildung 3.9). Es ist faszinierend, darin zu lesen. Das Buch ist schön und lebendig geschrieben, und es wird versucht, den aktuellen Stand der Forschung wiederzugeben. Man bemerkt, dass der Verfasser kein Mathematikus ist, aber man erfährt eine Menge über die Art, wie damals experimentiert wurde, und über die tastenden Versuche, Ordnung in die Phänomene der Elektrizität, der Wärme und der Lichtausbreitung zu bringen. Viele Abschnitte beginnen mit der Beschreibung eines Experiments, das mit einfachen Mitteln ausgeführt werden kann. Hierzu schreibt Kastner im Vorwort seines Buchs:

> »Endlich habe ich mich noch der jeder weiteren Untersuchung vorangehenden Experimente wegen zu rechtfertigen; eines Theils sollten sie dazu dienen, meine Zuhörer stets daran zu erinnern, dass ich zur Entscheidung über Gesetze der Natur nur die Erfahrung als den gültigsten Schiedsrichter anerkenne; andern Theils waren sie dazu bestimmt, den Zuhörer auch ohne weitläufigen Apparat in den Stand zu setzen, die wichtigsten Untersuchungsresultate, für sich zu hause selbst noch einmal durchzuprüfen, und ihn dadurch nach und nach zu gewöhnen, der zur Zeit so sehr vernachlässigten Experimental-Untersuchung mehr Geschmack abzugewinnen; indem sie es nämlich gleich anfänglich möglich machen, die Freude über selbst angestellte Versuche mit anderen Experimentatoren zu theilen.« (Kastner 1810, Bd. 1, S. VIII f)

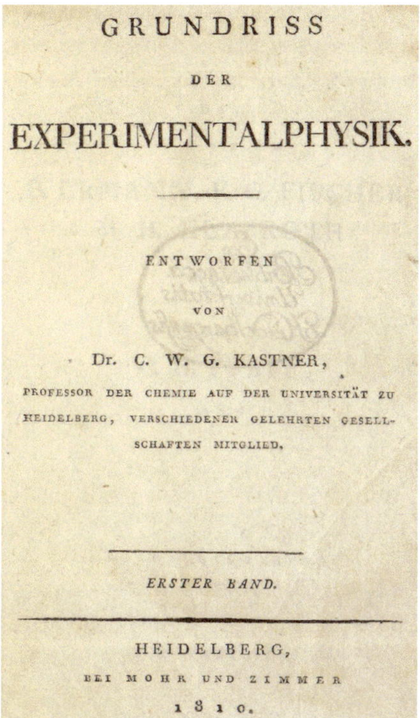

GRUNDRISS

DER

EXPERIMENTALPHYSIK.

ENTWORFEN

VON

Dr. C. W. G. KASTNER,

PROFESSOR DER CHEMIE AUF DER UNIVERSITÄT ZU HEIDELBERG, VERSCHIEDENER GELEHRTEN GESELLSCHAFTEN MITGLIED.

ERSTER BAND.

HEIDELBERG,

BEI MOHR UND ZIMMER

1810.

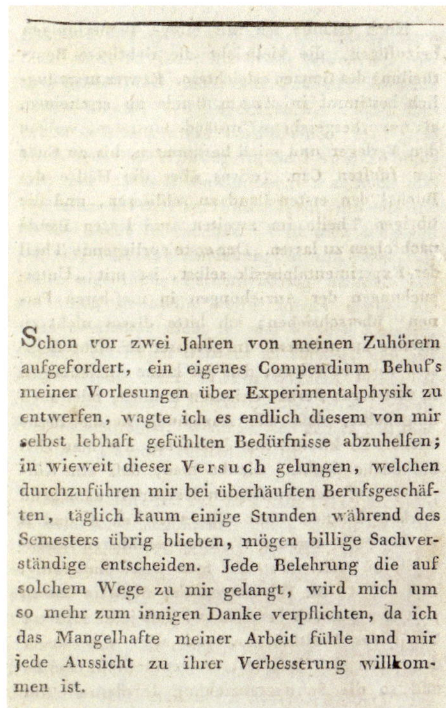

Schon vor zwei Jahren von meinen Zuhörern aufgefordert, ein eigenes Compendium Behuf's meiner Vorlesungen über Experimentalphysik zu entwerfen, wagte ich es endlich diesem von mir selbst lebhaft gefühlten Bedürfnisse abzuhelfen; in wieweit dieser Versuch gelungen, welchen durchzuführen mir bei überhäuften Berufsgeschäften, täglich kaum einige Stunden während des Semesters übrig blieben, mögen billige Sachverständige entscheiden. Jede Belehrung die auf solchem Wege zu mir gelangt, wird mich um so mehr zum innigen Danke verpflichten, da ich das Mangelhafte meiner Arbeit fühle und mir jede Aussicht zu ihrer Verbesserung willkommen ist.

Abbildung 3.9 Titelblatt und erste Seite des Lehrbuchs der Experimentalphysik von Karl Wilhelm Gottlob Kastner (Kastner 1810).

Man versteht, warum die Studenten von diesem Mann begeistert waren. Den alten Suckow muss das furchtbar geärgert haben, dass nun Kastner sein System vorzeigen konnte; jedenfalls erschien bald darauf auch Suckows Lehrbuch *Anfangsgründe der Physik und Chemie*, zwei ziemlich dicke Wälzer. Sie enthalten eine interessante und wahrscheinlich vollständige Darstellung der chemischen Technologie des 18. Jahrhunderts. Was die Physik und die neuen Forschungsergebnisse betrifft, ist die Lektüre eher deprimierend. Zu diesem Zeitpunkt hatte sich allerdings die Kontroverse Suckow–Kastner bereits anders erledigt: Kastner folgte 1812 einem Ruf an die Universität Halle. Sein Nachfolger wurde Jakob Friedrich Fries (1743–1843), und der stellte keinerlei Ansprüche an Apparate und Laborplatz (Henke 1867; Keller 1913).

Fries und Munke – immer noch kein Aufschwung

Fries, der bei Johann Gottlieb Fichte in Jena promoviert hatte, wurde in Heidelberg zunächst Professor für Philosophie, dann auch für Physik. An dieser aber hatte er offenbar wenig Interesse. Schon 1812 schrieb er: »Die Physik hat mir eigentlich den ganzen Sommer verdorben.« 1816 folgte er einem Ruf auf einen Lehrstuhl für theoretische Philosophie nach Jena und freute sich, »dass ich ganz der Philosophie leben kann, von der mich die Physik die letzte Zeit entfernt hatte«. Erstaunlicherweise hatte auch Fries ein Lehrbuch hinterlassen, das man wie die Werke seiner Vorgänger in der Universitätsbibliothek ausleihen kann. Es unterscheidet sich von diesen zunächst durch seinen Umfang: 138 Seiten im Oktavformat. Man schlägt es mit unguten Erwartungen auf und ist erstaunt. Das Buch nennt sich – für einen Philosophen stilgerecht – Entwurf des Systems der theoretischen Physik. Nach wenigen Seiten mit allgemeinen Bemerkungen über die Naturwissenschaften kommt die Zwischenüberschrift »Experimentalphysik«, und dabei bleibt es bis Seite 138. Wenn man nachschaut, was nun in dem Buch steht, findet man ein klar gegliedertes Kompendium, das an Vollständigkeit nicht viel zu wünschen übrig lässt. Man sieht, Fries mochte vielleicht die Physik nicht, aber er kannte sich sehr wohl in der Physik seiner Zeit aus.

ABBILDUNG 3.10 Leopold Gmelin, Professor für Chemie in Heidelberg von 1815 bis 1851.

Auch in Jena wurde Fries nicht glücklich. Er machte sich durch Teilnahme am Wartburgfest bei der Obrigkeit suspekt und erhielt ein Lehrverbot für Philosophie. Zwanzig Jahre lang musste er nun auch in Jena die Physikvorlesung halten! Wir gönnen ihm dies Geschick von Herzen, denn es gibt von Fries auch noch anderes zu berichten. Er war ein wilder Antisemit, der sich in Heidelberg nicht nur mit Wirtshausreden unrühmlich hervortat. Von ihm stammt auch ein Pamphlet, in dem er nicht weniger als die Ausrottung der Juden forderte (Fries 1816, S. 18).

Nach Fries' Weggang im Jahr 1816 wurden in Heidelberg Physik und Chemie getrennt unterrichtet. Die Chemie nahm unter Leopold Gmelin (1788–1853) (◆ABBILDUNG 3.10) einen raschen Aufschwung in Heidelberg. Sein *Handbuch der Chemie* war 1843 in der vierten Auflage schon auf neun Bände angewachsen. In dieser Auflage nahm Gmelin die Atomtheorie auf und widmete wesentlich mehr Raum der an Bedeutung gewinnenden organischen Chemie.

Auf den Lehrstuhl für Experimentalphysik wurde Georg Wilhelm Munke berufen, der auch bereitwillig die weitere Fürsorge für die »Kameralisten« übernahm, denn die gab es immer noch. 1818 zog die Physik in

Abbildung 3.11 Ehemaliges Dominikanerkloster. Von 1818 bis 1850 waren dort die Naturwissenschaften untergebracht mit einer Sternwarte im Türmchen.

das ehemalige Dominikanerkloster (◆ Abbildung 3.11), das sich damals in der Hauptstraße an der Stelle des späteren Friedrichsbaus befand, also des Hauses, vor dem heute das Bunsen Denkmal steht. In dem folgenden Vierteljahrhundert teilten sich Anatomie, Botanik, Chemie, Physik und Zoologie den Bau. Auf dem Westteil wurde für die Astronomie eine einfache Sternwarte errichtet. Munke standen für sein Laboratorium und für die Unterbringung des physikalischen Kabinetts fünf Räume zur Verfügung.

Munke (◆ Abbildung 3.12 und 3.13) befasste sich mit allerlei seltsamen Naturerscheinungen, z. B. versuchte er zu ergründen, wie die sogenannten Sonnenmühlchen funktionieren, jene Flügelrädchen, die sich in einem nicht ganz evakuierten Glaskolben drehen, wenn man sie ins Sonnenlicht stellt. Nennenswerte Erfolge waren ihm nicht beschieden, obgleich er etwa vierzig Arbeiten veröffentlichte. Auch die Lehre der Physik verkümmerte in Munkes fast dreißigjähriger Amtszeit ziemlich. Einer seiner Studenten, sein späterer Nachfolger Philipp von Jolly, berichtet von öden Nomenklaturen und bemängelte, dass die Vorlesungen gänzlich auf die Kameralisten zugeschnitten gewesen seien (Böhm 1886). In *Hesperus, encyclopädische Zeitschrift für gebildete Leser* erschien 1831 ein anonym verfasster Aufsatz über den Zustand der Medizin und der Naturwissenschaften in Heidelberg, worin es heißt:

ABBILDUNG 3.12 Georg Wilhelm Munke, Professor für Physik in Heidelberg von 1817 bis 1847.

Georg Wilhelm Munke,

geboren am 28. November 1772 zu Hillingsfeld bei Hameln, war nach Beendigung seiner Studien zuerst Inspector am Georgianum zu Hannover, dann von 1810—1817 ordentlicher Professor der Physik zu Marburg. Von 1817 an bis zu seinem Tode bekleidete er die Professur für Physik zu Heidelberg. Seine zahlreichen Veröffentlichungen enthalten weniger systematische Forschungen, als vielmehr vereinzelte Beobachtungen, in deren Erklärungen er nicht immer glücklich war. Heutzutage haben wohl nur seine Beobachtungen über die Ausdehnung und das Sieden des Wassers noch Werth. Er bearbeitete auch verschiedene Artikel in Gehler's Wörterbuch. Munke starb auf einem Gute seines Schwiegersohnes zu Großkmehlen in der Provinz Sachsen am 17. Oktober 1847.

J. Lüroth.

ABBILDUNG 3.13 Nachruf auf Georg Wilhelm Munke.

> »Für den physikalischen Unterricht ist in Heidelberg nicht zum Besten gesorgt. Munke scheint mehr Schriftsteller, als Lehrer zu seyn. Der Vortrag ist zwar lebhaft und wortreich, allein das Vorgetragene ist mager und bleibt nur auf der Oberfläche; die Versuche sind oft unglücklich und lange nicht umfassend genug. Die Erklärung der Formeln liebt Munke nicht und es will uns mehr als nur scheinen, als wenn er mit der allernächsten Nachbarin der Physik, der Chemie viel zu wenig vertraut wäre. – Dieser Zweig verdiente bedeutende Nachhilfe.« (Hinz 1961, S. 359)

Von Munke gibt es sogar zwei Physikbücher, jeweils in zwei Bänden. Das erste, *Anfangsgründe der Naturlehre* (1819/20), gibt wohl seine Vorlesung wieder. Das zweite, *Handbuch der Naturlehre* (1829/30), ist ausführlicher. Darin findet man recht Interessantes, z. B. in Band 1, in der Wärmelehre, nach einer Diskussion der Entzündung von Steinkohle und der Selbsterhitzung von Misthaufen:

> »Eine der merkwürdigsten Erscheinungen, welche unter diese allgemeine Classe zu rechnen sind, ist die Selbstverbrennung des Menschen, vorzüglich weiblichen Geschlechts, bejahrter, vor allen Dingen sehr corpulenter und dem übermäßigen Genusse geistiger Getränke ergebener, ohne dass dieses jedoch notwendige Bedingung ist. Die Erscheinung ist durch das Beispiel der Gräfin Zangari [Phil. Trans. 1731 n. 476] und diejenigen, welche [hier Hinweis auf mehrere Autoren] über Selbstentzündung erzählen, außer Zweifel gesetzt. (...) Ein sehr interessanter Fall ist die Selbstverbrennung des Priesters G. Maria Bertholi aus Valere, welchen Battaglia beschrieben hat. Dieser Geistliche, weder corpulent, noch dem Genusse geistiger Getränke ergeben, kam ermüdet von einer etwas langen Fußtour bei einem Bekannten an, entkleidete sich allein in einem Zimmer, und als sein Wirth auf ein erhobenes Geschrei hinzukam, fand er ihn auf dem Boden liegend, bemerkte eine Flamme in der Gegend seiner Schultern, welche die Kleider nicht entzündete, der Patient redete irre, verschied bald nachher und ging schnell in Verwesung über. Von einem anderen wird erzählt, dass sich plötzlich am Mittelfinger der rechten Hand eine Flamme zeigte, welche seine Kleider entzündete, als er ihn daran rieb, jedoch wurde dieser Patient geheilt« (Munke 1829, S. 426)

So geht es noch eine gute Seite weiter. Man sieht, nun kann es nur noch aufwärtsgehen! Und es ging aufwärts: Im Jahr 1846 trat Munke nach 74 Lebens- und 30 Dienstjahren in den Ruhestand.

Mit Jolly begann der Aufschwung der Physik in Heidelberg

Als Munkes Nachfolger wurde Johann Philipp Gustav von Jolly (1809–1884) im Jahre 1846 auf den Physiklehrstuhl berufen (Böhm 1886). Er hatte nach seinem Studienbeginn in Heidelberg die Universitäten in Wien und Berlin besucht. Wien missfiel ihm (»Phäaken-Stadt«), aber in Berlin begeisterten

ABBILDUNG 3.14 Das von Jolly konstruierte Gasthermometer.

ihn Heinrich Gustav Magnus, Eilhard Mitscherlich, Alexander von Humboldt und Leo von Buch.[10] Neben seinem Studium absolvierte Jolly auch noch eine Mechanikerlehre. Seine erste Maßnahme in Heidelberg war die Einrichtung eines Physikalischen Praktikums für die Studenten.

Es war das erste oder eines der ersten in Deutschland. Seine wissenschaftliche Arbeit widmete er vor allem der Entwicklung von genauen Messmethoden. Als Beispiel zeigt die ◆ ABBILDUNG 3.14 das von Jolly konstruierte Gasthermometer. Es war das erste für präzise Messungen der absoluten Temperatur geeignete Instrument, und es war noch ein Jahrhundert später mit den von ihm erfundenen Finessen in Gebrauch. Jolly war auch ein großer Organisator. Er erreichte, dass das Dominikanerkloster abgerissen und an seiner Stelle der Friedrichsbau errichtet wurde, ein moderner, großzügig angelegter Neubau, in dem nach seiner Fertigstellung die Physik, Mathematik, Physiologie und Mineralogie einzogen. Die Physik blieb dort bis zum Umzug in den Philosophenweg im Jahr 1913. Bis der Friedrichsbau im Jahr 1863 bezugsfertig war, wurde die Physik gegenüber, im Haus zum Riesen, untergebracht (◆ ABBILDUNG 3.15 und 3.16). Auch dort gab es Laboratorien, einen Hörsaal, Sammlungsräume, und im Treppenhaus stand eine »galvanische Kette«, bestehend aus Bunsenelementen. Man konnte nun mit starken elektrischen Strömen experimentieren. Robert Wilhelm Bunsen (1811–1899) war 1851 als Nachfolger von Gmelin nach Heidelberg gekommen (◆ ABBILDUNG 3.17).

Bunsen und Kirchhoff

Jolly brachte also die Physik in Heidelberg in Schwung. Dennoch war der beste Dienst, den er ihr erwies, dass er 1854 einen Ruf nach München annahm. Auf Betreiben Bunsens wurde Gustav Kirchhoff (1824–1887) (◆ ABBILDUNG 3.18) nach Heidelberg berufen. Damit und mit der wenig später erfolgten Berufung von Hermann Ludwig Ferdinand Helmholtz

10 Magnus, Physikprofessor an der Berliner Universität, führte als Erster in Deutschland ein physikalisches Kolloquium ein. Mitscherlich war Chemiker, von Buch Geologe und Paläontologe und beide waren führende Vertreter ihres Fachs. Von Humboldt hielt damals gerade an der Universität in Berlin seine berühmten Cosmos-Vorlesungen, die er später – für ein breiteres Publikum etwas zugeschnitten – im Gebäude der Sing-Akademie zu Berlin mit Verve wiederholte.

ABBILDUNG 3.15 Haus zum Riesen in der Hauptstraße. Hier war die Physik von 1850 bis 1863 untergebracht (Postkarte um 1900).

ABBILDUNG 3.16 Friedrichsbau in der Hauptstraße (hinter dem Bunsendenkmal). In diesem Bau war die Physik von 1863 bis 1913 untergebracht (Postkarte um 1900).

ABBILDUNG 3.17 Robert Bunsen, Professor für Chemie in Heidelberg von 1852 bis 1889.

(1821–1894, geadelt 1883) auf den Lehrstuhl für Physiologie begann in Heidelberg eine Blütezeit der Physik und der Naturwissenschaften, die Ihresgleichen sucht. Damit erschien die Universität Heidelberg zum ersten Mal in ihrer Geschichte auf der Weltkarte der Physik.

Kirchhoff hatte sich schon in sehr jungen Jahren einen Namen gemacht (Hübner 2010). Noch als Student in Königsberg löste er eine von seinem Lehrer Franz Ernst Neumann gestellte Preisaufgabe: Eine kreisförmige Platte wird an zwei beliebigen Stellen kontaktiert. Wie groß ist der elektrische Widerstand? Die Lösung des Problems ist ein Meisterstück der mathematischen Physik. Kirchhoffs Lösungsansatz lässt sich auf das sehr viel einfachere Problem der elektrischen Netzwerke übertragen. Auch das wurde von Kirchhoff sogleich erkannt und publiziert. Die »Kirchhoffschen Regeln« bilden seitdem einen Grundpfeiler der Elektrotechnik. Mit 26 Jahren erhielt Kirchhoff ein Extraordinariat in Breslau. Dort lernte er Bunsen kennen, der ihn dann vier Jahre später nach Heidelberg holte.

Aus der Zusammenarbeit zwischen dem Chemiker Bunsen und dem Physiker Kirchhoff gingen die Spektralanalyse und, damit eng verbunden, das Kirchhoffsche Strahlungsgesetz hervor. Diese beiden

ABBILDUNG 3.18 Gustav Kirchhoff, Professor für Physik in Heidelberg von 1854 bis 1875.

Entdeckungen wurden für die Physik und Chemie des 20. Jahrhunderts wegweisend.

Natürlich war die Existenz von Spektrallinien schon vorher bekannt. Dass es in Heidelberg gelang, ihren Ursprung zu ergründen, ist gleichermaßen der Intuition und dem Geschick Kirchhoffs zu verdanken wie Bunsens Genie in der analytischen und präparativen Chemie. Man denke nur an das Problem, die fast omnipräsenten gelben Natrium-Linien loszuwerden! Auch die farblose Flamme des Bunsenbrenners spielte bei diesen Untersuchungen eine wichtige Rolle. ◆ ABBILDUNG 3.19 zeigt den von Kirchhoff und Bunsen konstruierten Spektralapparat. Die Untersuchung der Atomspektren führte später zur Aufstellung der Planckschen Strahlungsformel, die die Geburtsstunde der Quantenphysik markiert. Kirchhoff nutzte die Spektralanalyse für eine dritte große Arbeit. Die schon von Fraunhofer entdeckten dunklen Linien im Sonnenspektrum müssten nach Kirchhoffs Strahlungsgesetz den hellen Spektrallinien entsprechen, die Kirchhoff und Bunsen als unveränderliche Merkmale der chemischen Elemente erkannt hatten. Mit sorgfältigen Messungen gelang es Kirchhoff, das Vorhandensein von 30 chemischen Elementen auf der Sonne nachzuweisen. Auch diese Arbeit war wegweisend bis in unsere Zeit: Was man

Abbildung 3.19 Nachbau von Kirchhoffs und Bunsens Spektralapparat.

heute über den Aufbau der Sterne und über das Universum weiß, beruht zu einem sehr großen Teil auf spektroskopischen Untersuchungen. Daran erinnert auch eine am Haus zum Riesen angebrachte Tafel mit dem Text:

> »In diesem Hause hat Kirchhoff 1859 seine mit Bunsen begründete Spektralanalyse auf Sonne und Gestirne gewandt und damit die Chemie des Weltalls erschlossen.«

Die Aussage der Tafel ist nicht ganz korrekt: Kirchhoff selbst hat die Spektralanalyse nur auf das Sonnenlicht angewandt. Zwar hatte er die spektrale Untersuchung des Lichtes anderer Fixsterne als Möglichkeit erwähnt, durchgeführt wurde sie aber von anderen, und zwar Astronomen mithilfe von Teleskopen (Hübner 2010, S. 135).

Neben diesen drei großen Arbeiten – jede für sich genommen auf Nobelpreis-Niveau – verdankt man Kirchhoff noch eine ganze Reihe anderer Erkenntnisse. Als Beispiel nenne ich die Arbeit *Über die Bewegung der Elektrizität in Drähten*, in der es um die Frage geht: Wie schnell pflanzt sich auf einer Drahtleitung ein elektrisches Signal fort, verursacht z.B. durch das Schließen eines Schalters? Im Jahr 1856 hatten in Göttingen Friedrich Kohlrausch und Wilhelm Eduard Weber das Verhältnis der elektrischen und der magnetischen Kräfte zwischen zwei Ladungen bzw. zwei elektrischen Strömen experimentell bestimmt. Kirchhoff erkannte, dass man damit das eben genannte Problem lösen konnte. Für die Geschwindigkeit des elektrischen Signals erhielt er einen Wert, der mit der Lichtgeschwindigkeit im Vakuum übereinstimmte. Ein überraschendes Ergebnis, das sich fünf Jahre später für Maxwell bei der Aufstellung der Theorie des Elektromagnetismus und des Lichts als sehr nützlich erwies.

Hermann Helmholtz

Der dritte im Bunde, der die Universität Heidelberg erstmals auf der Weltkarte der Physik etabliert hat, war Hermann Helmholtz (◆ ABBILDUNG 3.20). Er war ein Universalgenie und leistete wichtige Beiträge zur Physik, Medizin, Mathematik, Physiologie und Erkenntnistheorie (Rechenberg 1994). Am liebsten hätte er Physik und Mathematik studiert, entschied sich aber für eine Ausbildung in Berlin als Militärarzt, weil dieses Studium durch ein Stipendium finanziert wurde. Aber schon als 25-jähriger Escadrons-Chirurgus trat er im Jahr 1847 mit der bedeutenden physikalischen Arbeit *Über die Erhaltung der Kraft* hervor, die die theoretische Grundlage eines der wichtigsten physikalischen Prinzipien enthält: das Prinzip von der Erhaltung der Energie. Seine akademische Laufbahn begann Helmholtz ein Jahr darauf als Lehrer der Anatomie an der Berliner Kunstakademie und Gehilfe der Anatomisch-Zootomischen Sammlung daselbst. Als Professor für Physiologie begann er 1849 in Königsberg, wechselte 1855 nach Bonn und schließlich 1858 nach Heidelberg. In Königsberg erfand er den Augenspiegel, ein Instrument, das der Ophthalmologie und der Allgemeinmedizin neue Wege eröffnete, und maß die Geschwindigkeit der Reizleitung in Nerven. Beide Arbeiten qualifizierten ihn als genialen Experimentator.

In die Zeit des Wechsels zwischen Bonn und Heidelberg fielen zwei äußerst wichtige Arbeiten zur mathematischen Physik. Es gelang ihm mit der Aufstellung der »Helmholtzschen Wirbelsätze« in der Hydrodynamik Prinzipien aufzufinden, die den Anstrengungen der bedeutendsten Mathematiker vor ihm entgangen waren. Weiterhin diskutierte er in einer Arbeit über Luftschwingungen eine Differentialgleichung, die später nach ihm benannt wurde, und die eine der wichtigsten Gleichungen der mathematischen Physik ist.

ABBILDUNG 3.20 Hermann von Helmholtz bei einer Vorlesung in Berlin 1894. In Heidelberg war er von 1858 bis 1870 Professor für Physiologie.

In Heidelberg schloss Helmholtz sein *Handbuch der physiologischen Optik* ab und verfasste seine *Lehre von den Tonempfindungen: als physiologische Grundlage für die Theorie der Musik.* In diesem epochalen Werk gab Helmholtz eine physikalische Begründung für die musikalische Harmonie und stellte eine anatomische und physikalische Theorie des Hörens auf. Man findet in diesem Buch auch virtuose experimentelle und theoretische Untersuchungen über die Funktionsweise der Musikinstrumente. Mit der »Klaviatur des optischen Spektrums« (◆ ABBILDUNG 3.21) verband Helmholtz akustische und optische Phänomene. Auf der Holztafel, die er um 1860 eigenhändig entworfen hatte, ist das optische Spektrum über einer Klaviertastatur abgebildet, und zwar gerade so, dass sich die sichtbaren Spektralfarben über genau eine Oktave erstrecken, während das von den Ohren wahrnehmbare akustische Spektrum sich über mehrere Oktaven erstreckt. Die Tafel ist auch als Kritik an Newtons Vorstellung zu verstehen, der das Spektrum der Farben zu einem Farbkreis zusammenbog, so dass auf das Violett wieder das Rot folgt, eine aus heutiger physikalischer Sicht unsinnige Anordnung.

Ein wichtiges Element dieser überaus fruchtbaren Zeit war die herzliche Freundschaft, die Bunsen, Kirchhoff und Helmholtz verband; als Vierter gesellte sich schließlich 1869 noch der Mathematiker Leo Koenigsberger (1837–1921) dazu. Zwischen ihnen bestand nicht nur ein enger wissenschaftlicher Kontakt, sondern auch ein enges persönliches Verhältnis.

> »Die gemeinsame Passion für das Theater z. B. brachte Kirchhoff, Bunsen, Helmholtz und Koenigsberger zu einer Art Lesekränzchen zusammen, in denen mit verteilten Rollen gelesen wurde. Helmholtz fand immer besonderen Beifall als Intrigant, während Kirchhoff Rollen wie Egmont oder Don Carlos vorzog.« (Pietsch et al. 1960)

Auch diese fruchtbare und glückliche Zeit fand ein Ende. Im Jahr 1871 ging Helmholtz nach Berlin, 1874 Koenigsberger nach Dresden, und 1875 folgte auch Kirchhoff einem Ruf nach Berlin. Es war der dritte Versuch, Kirchhoff nach Berlin zu ziehen, der schließlich glückte. Nur Bunsen blieb in Heidelberg.

Abbildung 3.21 Helmholtz-Klaviatur. Der Umfang (eine Oktave) des sichtbaren Spektrums wird mit der Vielzahl der Oktaven des akustischen Spektrums verglichen.

Nach dieser Apotheose der großen Geister ist es vielleicht gestattet, ein wenig an der Politur zu kratzen und aus den Erinnerungen eines Studenten der Berliner Universität zu zitieren:

> »Allerdings muss ich gestehen, dass mir die Vorlesungen keinen merklichen Gewinn brachten. Helmholtz hatte sich offenbar nie richtig vorbereitet, er sprach immer nur stockend, wobei er in einem kleinen Notizbuch sich die nötigen Daten heraussuchte, außerdem verrechnete er sich beständig an der Tafel, und wir hatten das Gefühl, dass er sich selber bei diesem Vortrag mindestens ebenso langweilte wie wir. Die Folge war, dass die Hörer nach und nach wegblieben; schließlich waren es nur noch drei, mich und meinen Freund, den späteren Astronomen Rudolf Lehrmann-Filhés, eingerechnet. Im Gegensatz dazu trug Kirchhoff ein sorgfältig ausgearbeitetes Kollegheft vor, in dem jeder Satz wohl erwogen an seiner richtigen Stelle stand. Kein Wort zu wenig, kein Wort zu viel. Aber das Ganze wirkte wie auswendig gelernt, trocken und eintönig. Wir bewunderten den Redner, aber nicht das, was er sagte. Unter diesen Umständen konnte ich mein Bedürfnis nach wissenschaftlicher Fortbildung nur dadurch stillen, dass ich zur Lektüre von Schriften griff, die mich interessierten. So kam es, dass mir die Abhandlungen von Rudolf Clausius in die Hände fielen, deren wohlverständliche Sprache und einleuchtende Klarheit mir einen gewaltigen Eindruck machten und in die ich mich mit wachsender Begeisterung vertiefte.« (Planck 1990)

Der Autor dieser Zeilen ist Max Planck, derselbe, dem der Münchener Physikprofessor von Jolly (vormals Heidelberg) nach dem Abitur geraten hatte, »ja nicht theoretische Physik zu studieren«: In der Physik sei im Wesentlichen schon alles erforscht, und es gäbe nur noch einige unbedeutende Lücken auszufüllen. Plancks harsches Urteil bezieht sich übrigens auf Vorlesungen, die Helmholtz und Kirchhoff in Berlin hielten. Zu dieser Zeit war Helmholtz als »Reichskanzler der Physik« ein äußerst vielbeschäftigter Mann. Möglicherweise war das in Heidelberg anders gewesen, sonst hätte Eötvös Helmholtz' Vorlesungen nicht drei Semester lang gehört. Auch Kirchhoff hatte sich vielleicht verändert: Er war schwer getroffen vom Tode seiner Frau und von einem Sturz, in dessen Folge er bis an sein Lebensende schwere Schmerzen litt.

ABBILDUNG 3.22 Loránd Eötvös, Heidelberger Student der Physik von 1867 bis 1870.

Das Physikstudium in Heidelberg

Wie sah nun damals das Physikstudium in Heidelberg aus? Als ein sicher nicht ganz typisches Beispiel betrachten wir die Promotionsunterlagen von Loránd Eötvös (1848–1919), einem ungarischen Baron (◆ ABBILDUNG 3.22). Nach seinem Studium in Heidelberg brachte er das naturwissenschaftliche Leben in seinem Heimatland in Gang. Durch seine Präzisionsmessungen zur Frage der trägen und der schweren Masse ging er in die Geschichte der Physik ein. Für seine Promotion musste Eötvös einen ausführlichen, in lateinischer Sprache abgefassten Lebenslauf einreichen, aus dem auch der Verlauf seines Studiums zu ersehen war. Die eingefügte Tabelle 5 zeigt die Lehrveranstaltungen, die Eötvös besucht hatte. Auch das Fakultätsprotokoll über die Doktorprüfung ist noch erhalten. Es besagt in kurzen Worten, dass sich die Prüfer von den Antworten des Kandidaten »vollkommen befriedigt« (Kirchhoff), »voll befriedigt« (Bunsen) und »befriedigt« (Koenigsberger) fanden. Dann heißt es: »Hiernach beschloss die Fakultät, den Candidaten mit der Note summa cum laude zur Promotion zuzulassen.« Die Promotion

TABELLE 5 Aus dem Heidelberger Studienbuch des Loránd Eötvös.

Wintersemester 1867/68	
1. Experimentalchemie mit Laborübungen	Prof. Bunsen
2. Allgemeine Resultate der Naturwissenschaften	Prof. Helmholtz
3. Experimentalphysik	Prof. Kirchhoff
4. Einleitung in die Analyse des Unendlichen	Prof. Hesse
5. Analytische Mechanik	"
6. Übungen zur analytischen Geometrie	"

Sommersemester 1868	
1. Chemisches Praktikum	Prof. Bunsen
2. Physikalisches Praktikum	Prof. Kirchhoff
3. Theorie der elastischen Festkörper	"
4. Differentialrechnung	Prof. Hesse
5. Analytische Geometrie in der Ebene	"
6. Geologie	Prof. Leonhard
7. Theorie der Fourier-Reihen	Dr. Weber

Wintersemester 1868/69	
1. Physiologie der Sinnesorgane	Prof. Helmholtz
2. Allgemeine Resultate der Naturwissenschaften	"
3. Theoretische Physik	Prof. Kirchhoff
4. Theorie der Elektrizität	"
5. Analytische Geometrie im Raum	Prof. Du Bois-Raymond
6. Integralrechnung	"
7. Übungen zur analytischen Geometrie	"

Sommersemester 1869, Universität Königsberg	
1. Optik	Prof. Neumann
2. Ausgewählte Kapitel aus der Physik	"
3. Seminar	"
4. Analytische Mechanik	Prof. Richelot
5. Mathematisches Seminar	"

Wintersemester 1869/70	
1. Allgemeine Resultate der Naturwissenschaften	Prof. Helmholtz
2. Konservative Kräfte	"
3. Chemisches Praktikum	Prof. Bunsen
4. Theoretische Chemie	Prof. Horstmann

erfolgte dann am Tage darauf durch Überreichung der Urkunde. So einfach ging das damals. Von einer Dissertation ist nirgendwo die Rede; dennoch darf man annehmen, dass Kirchhoff, Bunsen und Koenigsberger genau wussten, was von Eötvös zu halten war.

Ein ideales Gelehrtenleben

Als Nachfolger Kirchhoffs wurde Georg Hermann Quincke (1834–1924) berufen (◆ ABBILDUNG 3.23). Damit traten wieder ruhigere Zeiten in der Heidelberg Physik ein. In einem Nachruf aus dem Jahr 1924 lesen wir:

> »In Heidelberg hat Quincke von 1875 bis zu seinem Tode ein schönes, man kann fast sagen, ein ideales Gelehrtenleben geführt, ganz erfüllt von seiner wissenschaftlichen Arbeit und daneben von dem behaglichsten Lebensgenuss im Kreise seiner Familie, seiner Freunde, in einer von Geist und Geschmack geleiteten, vornehmen Geselligkeit und in der wundervollen Natur, die ihn

Abbildung 3.23 Georg Quincke, Professor für Physik von 1875 bis 1907.

in Heidelberg umgab, und die er stets auf langen Spaziergängen mit Freude genoss.« (König 1924)

Diese Charakterisierung dürfte ziemlich zutreffend sein. Vor Jahren stand noch auf dem Speicher des ehemaligen Physikalischen Instituts am Philosophenweg ein großer Schrank, gefüllt mit Weinflaschen, auf denen Quincke sorgfältig vermerkt hatte, wann und mit welchen Kollegen diese Flaschen jeweils geleert worden waren. Leider ist dieses Kulturdokument unbemerkt einer Entrümpelungsaktion zum Opfer gefallen.

Quinckes wissenschaftliche Arbeit ist umfangreich und bemerkenswert. Sein erstes Arbeitsgebiet war die Metalloptik mit dem Studium von Polarisationsphänomenen und der Eindringtiefe von Licht in Metalle. Die späteren Arbeiten zielten auf die Erforschung des Zusammenhalts der

Materie: Kapillarität, Kohäsionskräfte, Grenzflächen, Zug- und Druckkräfte in der Materie unter dem Einfluss elektrischer und magnetischer Felder, schließlich die Untersuchung von Kolloiden, Schäumen und Biosubstanzen. Mit den zuletzt genannten Themen war er seiner Zeit voraus. Sein eigentliches Ziel jedoch, den Zusammenhalt der Materie aufzuklären, konnte er auf diese Weise nicht erreichen, zumal er sich standhaft weigerte, an die Existenz von Atomen zu glauben. Seine Arbeiten zeugen davon, dass er ein einfallsreicher und sehr geschickter Experimentator war. Er hinterließ eine ganze Reihe von hochwertigen Messinstrumenten, vorzugsweise aus den Werkstätten von William Thomson (Lord Kelvin) in Glasgow. Man kann sie heute noch in den Museumsschränken des Physikalischen Instituts bewundern. Seine besondere Liebe galt aber dem Experimentieren mit einfachsten Mitteln. Das galt besonders für das physikalische Praktikum, in dem es, nach Auffassung der Studenten, vor allem um das Zelebrieren des »Quinckeschen cgs-Systems« (Cork, Glas, Siegellack) ging.[11]

In seine Zeit fiel auch die Trennung der Naturwissenschaftlich-Mathematischen von der Philosophischen Fakultät (1890). Die Trennung spiegelte die wachsende Bedeutung der Naturwissenschaften innerhalb der Universität wider und vermutlich auch die Erkenntnis, dass Philosophie und Naturwissenschaften methodisch wenig gemeinsam haben. Dass die Mathematik nicht bei der Philosophie blieb, sondern mit den Naturwissenschaften ging, hing wohl auch damit zusammen, dass die Mathematik in den Naturwissenschaften – in Forschung und Ausbildung – immer bedeutender wurde.

1907 zog sich Quincke als Emeritus in sein Privatlabor in seiner Neuenheimer Villa zurück, wo er unermüdlich weiterforschte, um seine eigentümliche Theorie vom schaumartigen Aufbau der Materie zu erhärten. Zwei seiner Schüler, Philipp Lenard und Max Wolf, sollten die weitere Entwicklung der Physik in Heidelberg maßgeblich bestimmen: Lenard wurde Quinckes Nachfolger am Physikalischen Institut und Wolf wurde Leiter der Sternwarte auf dem Königstuhl.

11 Nicht zu verwechseln mit dem damals allgemein üblichen cgs-Maßsystem (Centimeter, Gramm, Sekunde).

4.

Die Heidelberger Physik in der ersten Hälfte des 20. Jahrhunderts (1900–1945)

Das 20. Jahrhundert wurde für die Physik und die Astronomie zu einem goldenen Jahrhundert. Die kleinsten Bausteine der Materie und ihre Wechselwirkungen wurden erforscht ebenso wie die Strukturen des Kosmos und dessen Entwicklung. Auch Heidelberger Wissenschaftler hatten Teil an diesen aufregenden Entdeckungen, allerdings vornehmlich erst nach dem Zweiten Weltkrieg. Denn bis 1945 war die universitäre Forschung in Heidelberg vielfach durch die politischen Verhältnisse, Kriege und Diktatur, behindert. Zunächst aber begann das Jahrhundert in Heidelberg sehr vielversprechend mit dem Bau der Sternwarte auf dem Königstuhl und dem Neubau des Physikalischen Instituts am Philosophenweg.

Max Wolf und die Sternwarte auf dem Königstuhl

Das im Jahr 1775 von Christian Mayer in Mannheim errichtete kurpfälzische Observatorium gehörte zu seiner Zeit zu den modernsten astronomischen Observatorien Europas. Gegen Ende des 19. Jahrhunderts aber war es veraltet und sollte ersetzt werden (Effinger et al. 2009, S. 79 ff; Lemke 2011, S. 294 ff). Zunächst dachte man an einen Neubau in Karlsruhe, wo inzwischen der Landesherr, der Großherzog Friedrich I. von Baden, residierte. Aber Professoren der Universität Heidelberg – darunter der junge Dozent für Astronomie Max Wolf – setzten sich beim Großherzog für den Standort Heidelberg ein und erhielten den Zuschlag. Die Entscheidung für Heidelberg war eine Entscheidung für Max Wolf. Er wurde dann auch beauftragt, neu errichtete Observatorien in den USA zu besuchen, um von den dortigen Erfahrungen zu lernen. Zurück in Heidelberg betrieb er den Bau der Sternwarte auf dem Königstuhl, eine der ersten Bergsternwarten Europas. ◆ Abbildung 4.1 zeigt ihn auf dem Gerüst einer Teleskopkuppel. Nach nur drei Jahren Bauzeit konnte die Sternwarte am 20. Juni 1898 in Anwesenheit des Großherzogs eingeweiht werden. Auf seiner Reise in die USA hatte Wolf auch erste wissenschaftliche Kontakte geknüpft und sogar eine Sponsorin gefunden: die US-Amerikanerin Catherine Wolfe Bruce, die 10.000 Dollar für den Bau eines fotografischen Doppelrefraktors, einem Linsenteleskop, stiftete.

Maximilian Joseph Cornelius Wolf (1863–1932), wie er mit vollem Namen hieß, war ein leidenschaftlicher Astronom: »Etwas anders als Astronom kann man eigentlich nicht werden, höchstens noch Physiker«, soll er einmal gesagt haben. Sein Leben und seine wissenschaftlichen Leistungen beschreibt Karl Schaifers in einem Aufsatz in dem Sammelband *Semper Apertus* (Schaifers 1985). Schon als Schüler beobachtete Wolf den Himmel in einem kleinen Observatorium, das ihm sein Vater, ein vermögender Arzt, in seinem Geburtshaus in der Märzgasse 16 in Heidelberg eingerichtet hatte. Den Turm kann man dort auch heute noch sehen. Wolf studierte Physik bei Quincke, Astronomie in Straßburg und promovierte bei dem Heidelberger Mathematiker Leo Koenigsberger. Noch während des Studiums entdeckte er in seiner Privatsternwarte den nach ihm benannten periodischen Kometen 14P/Wolf. An der Universität Heidelberg wurde er 1893 zum außerordentlichen Professor für Astronomie und später zum Ordinarius ernannt. Die Sternwarte auf dem Königstuhl, ein von der Universität unabhängiges

ABBILDUNG 4.1 Max Wolf auf dem Gerüst einer Teleskopkuppel der Landessternwarte auf dem Königstuhl.

Landesinstitut, leitete er zunächst zusammen mit dem Astronomen Karl Wilhelm Valentiner und nach dessen Pensionierung allein.

Wie die Erfindung des Teleskops die Astronomie zu Beginn des 17. Jahrhunderts revolutioniert hatte, so eröffnete die Fotografie am Ende des 19. Jahrhunderts der astronomischen Forschung ganz neue Möglichkeiten. Wolf wurde einer der Pioniere auf diesem Gebiet. Mit der neuen Technik gelangen Wolf viele nicht nur wissenschaftlich interessante, sondern auch ästhetisch schöne Himmelsaufnahmen, die ihn bekannt machten und wofür er mit Goldmedaillen auf den Weltausstellungen in Paris (1900) und St. Louis (1904) ausgezeichnet wurde. Ein Beispiel ist das in ◆ABBILDUNG 4.2 gezeigte Foto des Nordamerikanebels. Schon Wilhelm Herschel hatte bei seinen Beobachtungen einen Nebel an dieser Stelle gesehen, aber nicht dessen Form erkennen können. Das gelang erst Wolf in seiner Privatsternwarte. Wegen der Form nannte er ihn »Amerikanebel«, woraus später die Bezeichnung »Nordamerikanebel« wurde. Das Foto in Abbildung 4.2 nahm Wolf mit dem Bruce-Doppelrefraktor auf.

Um langsame Bewegungen von Himmelskörpern und Veränderungen ihrer Helligkeit zu erkennen, entwickelte Wolf zusammen mit Carl Pulfrich von der Firma Zeiss den Blinkkomparator. Darin werden zwei

ABBILDUNG 4.2 Wolfs Aufnahme des Nordamerikanebels im Sternbild des Schwans.

Bilder, die von demselben Feld im Himmel, aber zu verschiedenen Zeiten, aufgenommen worden sind, nebeneinandergelegt und verglichen, woraus sich Veränderungen in den Positionen und den Helligkeiten der Objekte erkennen ließen. Zehn Novae entdeckte Wolf auf diese Weise.

Die Blütezeit der Heidelberger Sternwarte wurde durch den Ersten Weltkrieg zunächst beendet, da Mitarbeiter zum Militär eingezogen wurden und das Geld knapp wurde. Auch nach Kriegsende besserte sich die Situation nicht wesentlich, so dass die wissenschaftliche Konkurrenz in den USA, die unter wesentlich besseren Bedingungen arbeiten konnte, davonzog. Wolf begann zu verzagen: »Ich kann nicht mehr mithalten.«

Nach seinem Tod im Jahr 1932 wurde Heinrich Vogt sein Nachfolger. Er hatte als Assistent bei Wolf gearbeitet und als Professor in Jena gelehrt, bevor er nach Heidelberg berufen wurde. Von seiner wissenschaftlichen Arbeit in Heidelberg ist nichts Besonderes zu berichten, wohl aber über sein politisches Engagement: Er trat schon 1931 in die NSDAP ein, stieg zum Obersturmführer der SA auf und ist ein Beispiel – leider nicht das einzige – dafür, wie schnell der Nationalsozialismus unter den Heidelberger Professoren Fuß fassen konnte.

Philipp Lenard

Nach Quinckes Emeritierung war der Lehrstuhl für Physik und die damit verbundene Leitung des Physikalischen Instituts wieder zu besetzen. Mit der Neuberufung im Jahr 1907 versuchten die Universität und die badische Landesregierung Anschluss an die aktuelle Forschung zu gewinnen. Es schien zunächst so, als wären ihre Bemühungen von Erfolg gekrönt, denn Quinckes Nachfolger wurde Philipp Lenard (◆ ABBILDUNG 4.3). Dieser hatte gerade zwei Jahre zuvor, im Jahr 1905, für seine Arbeiten mit Kathodenstrahlen den Nobelpreis für Physik erhalten.

Philipp Anton Eduard Lenard (1862–1947) hatte als Erster die Absorption und Streuung von Kathodenstrahlen in Materie untersucht und den Schluss gezogen, dass alle Atome, also beispielsweise ein Aluminium- und ein Goldatom, aus ein und demselben Urstoff bestehen. Weiterhin schloss er aus diesen Messungen, dass das Atomvolumen im Wesentlichen leeren Raum enthält. Beide Vermutungen wurden in der Folgezeit glänzend bestätigt. Mit seinen Messungen zum Photoeffekt hatte er nachgewiesen, dass von der Intensität des Lichts, also von der elektrischen Feldstärke in der einfallenden elektromagnetischen Welle, nur die Zahl, nicht aber die Geschwindigkeit der Photoelektronen abhängt. Diese Arbeit bildete zusammen mit Plancks Quantenhypothese die Basis für Einsteins Lichtquantenhypothese. Bei seiner Berufung nach Heidelberg konnte man erwarten, dass er die Arbeiten, mit denen er so wesentlich zu den Grundlagen der Physik des 20. Jahrhundert beigetragen hatte, mit Schwung fortsetzen würde (Neumann et al. 1985).

In Heidelberg war Lenard kein Neuling. Bei Quincke hatte er über Schwingungen fallender Tropfen promoviert und war danach noch drei Jahre als Assistent im Physikalischen Institut geblieben, das damals noch in der Hauptstraße lag. Die Anregungen zu den Arbeiten, die zu seinem Nobelpreis führten, erhielt er allerdings nicht in Heidelberg, sondern von Heinrich Hertz während seiner Zeit als Assistent und Privatdozent in Bonn. Bevor Lenard im Jahr 1907 den Ruf nach Heidelberg annahm, hatte er neun Jahre als Ordinarius in Kiel gewirkt.

Bei seinen Berufungsverhandlungen in Heidelberg forderte Lenard den Neubau eines Physikalischen Instituts weitab von der Straßenbahn, die damals durch die Hauptstraße fuhr und die mit Erschütterungen und elektromagnetischen Störungen das Experimentieren erheblich beeinträchtigte. Als der sehr geräumige Neubau genehmigt war, erschien noch

ABBILDUNG 4.3 Philipp Lenard, Professor für Physik in Heidelberg von 1907 bis 1932.

ein Mäzen auf dem Plan: der Kaufmann Rudolf Fleischer aus Wiesbaden. Er stellte einen Betrag von 120.000 Goldmark für ein an diesen Neubau anzuschließendes »Radiologisches Institut« zur Verfügung, unter der Bedingung, dass die Staatsregierung noch einmal den gleichen Betrag drauflegte und das Radiologische Institut unter der Leitung von Philipp Lenard als reines Forschungsinstitut der Universität angegliedert würde. Auch das wurde genehmigt, und so entstand der für die damaligen Verhältnisse unerhört großzügige Neubau am Philosophenweg (◆ ABBILDUNG 4.4).

Allem Anschein nach waren damit ideale Voraussetzungen für die Weiterentwicklung der Physik in Heidelberg geschaffen. Man erinnert sich: Damals waren gerade die Röntgenstrahlen und die Radioaktivität entdeckt. Man hatte erkannt, dass die Kathodenstrahlen aus schnellen Elektronen bestehen, und man erhoffte sich mit Recht von der Strahlenforschung einen großen Fortschritt in der Wissenschaft. Aber unter Lenard standen in Heidelberg Arbeiten über Phosphoreszenz, über die elektrische Leitfähigkeit von Flammengasen, über Oberflächenspannung, über Wasserfallelektrizität und Kathodenstrahlen im Vordergrund, also Forschungsthemen, die – mit Ausnahme der Kathodenstrahlen – an die Ära Quincke erinnern (◆ ABBILDUNG 4.5). Offenbar war Lenards eigene wissenschaftliche Kreativität schon erschöpft, als er als 45-Jähriger nach Heidelberg kam. Auch als Lehrer gelang es ihm nicht, die bei ihm arbeitenden jungen Physiker zu fördern. So berichtet sein langjähriger Mitarbeiter Carl Ramsauer in seinen sehr lesenswerten Erinnerungen über Lenard:

> »Sein Grundfehler war, dass er nicht die Selbständigkeit der Doktoranden weckte und pflegte, sondern nur die strikte Ausführung seiner Anordnungen verlangte. (…) Lenard machte außerdem den Fehler, dass er den Doktoranden meist über das eigentliche Ziel seiner Arbeit im Unklaren ließ. Der Doktorand sollte in Einzelschritten von Versuch zu Versuch gehen bis zu dem Ziel, das Lenard sich gedacht, vielleicht aber auch nicht gedacht hatte (…). Tatsächlich herrschte im Institut statt spontaner Arbeitsfreudigkeit ein gewisses Gefühl des Zwanges. Lenard selbst war sich übrigens innerlich bewusst, dass er in dieser Beziehung den Bogen überspannte. So äußerte er einmal, wie in der Zurückweisung eines stillen Vorwurfs zu mir, er würde viel liberaler in der Institutsleitung sein, wenn seine Mitarbeiter insgesamt mehr eigenes Können bewiesen,

Abbildung 4.4 Das Physikalische Institut am Philosophenweg.

ABBILDUNG 4.5 Ein Labor für Kathodenstrahluntersuchungen im neuen Radiologisch-Physikalischen Institut (Foto 1913).

> war sich aber wohl kaum bewusst, dass er sich hierbei in einem Zirkelschluss bewegte.« (Ramsauer 1949, S. 110f)

Viel Mühe verwandte Lenard auf die Lehre. Seine vierstündige Vorlesung über Experimentalphysik im großen Hörsaal (◆ ABBILDUNG 4.6) war berühmt und lockte immer eine große Zahl von Hörern an. Zum Beispiel schrieben sich im Wintersemester 1930/31 über 500 Mediziner, Pharmazeuten und Naturwissenschaftler ein. Lenard verfasste auch ein vierbändiges Lehrbuch mit dem Titel *Deutsche Physik* (Lenard 1942). Darin behandelt er die klassische Physik in konventioneller Weise. Nur Widmung und Vorwort sind »deutsch«: Das Buch ist dem »Herrn Reichs- und Preußischen Minister des Innern, Dr. Frick, dem Förderer großer Forschung im Dritten Reich verehrungsvoll« gewidmet, und im Vorwort strotzt es von völkischem Gedankengut. Hierzu nur ein Beispiel:

»›Deutsche Physik‹? wird man fragen. – Ich hätte auch arische Physik oder Physik der nordisch gearteten Menschen sagen können, Physik der Wirklichkeits-Ergründer, der Wahrheit-Suchenden, Physik derjenigen, die Naturforschung begründet haben. – ›Die Wissenschaft ist und bleibt international!‹ wird man mir einwenden wollen. Dem liegt aber immer ein Irrtum zugrunde. In Wirklichkeit ist die Wissenschaft, wie alles was Menschen hervorbringen, rassisch, blutmäßig bedingt.« (Lenard 1942, S. IX)

Vor dem Ersten Weltkrieg war Lenard noch völlig unpolitisch. Wie bei den meisten Deutschen verstärkte der Krieg auch bei Lenard nationalistische Gefühle, ein Antisemitismus ist noch nicht nachzuweisen (Schönbeck 2017). Nach der Niederlage Deutschlands begann Lenard mit den rechtsradikalen Ideen der Nationalsozialisten zu sympathisieren. Für seine Hinwendung zum Antisemitismus waren zwei Ereignisse besonders wichtig, die Flaggenaffäre am Tag der Beerdigung Rathenaus und eine wissenschaftliche Auseinandersetzung mit Einstein.

Abbildung 4.6 Blick in den großen Hörsaal des Physikalischen Instituts.

Walter Rathenau war Außenminister der Weimarer Republik und wurde 1922 von Rechtsradikalen ermordet, auch weil er Jude war. Am Tag seiner Beerdigung wurde Halbmast auf allen öffentlichen Gebäuden verfügt, auch auf denen der Universität Heidelberg. Lenard weigerte sich, der Anordnung nachzukommen. Vor seinem Institut gab es Demonstrationen, während derer Lenard von der Polizei in Schutzhaft genommen, aber noch am selben Abend entlassen wurde. Wegen seiner Weigerung, halbmast zu flaggen, untersagte der akademische Senat Lenard bis auf weiteres, sein Institut zu betreten. Dieser war von den Vorgängen tief gekränkt und seine antidemokratischen und antisemitischen Ansichten verstärkten sich. Die nationalsozialistischen Verstrickungen Lenards und anderer Professoren der Heidelberger Physik sind ausführlich in einem Aufsatz von Charlotte Schönbeck in dem Sammelband *Die Universität Heidelberg im Nationalsozialismus* dargestellt (Schönbeck, 2006).

Zu Beginn der zwanziger Jahre verstieg sich Lenard in Spekulationen um Äther, Uräther und Gravitation, mit denen er die mechanistischen Vorstellungen des 19. Jahrhunderts zu retten suchte. Damit kam er in direkte Konfrontation mit Einstein, dessen Allgemeine Relativitätstheorie gerade mit dem Nachweis der gravitativen Lichtablenkung an der Sonne bestätigt worden war. Es bildeten sich zwei Lager mit Lenard und Einstein als den prominentesten Vertretern. Zwischen ihnen wollte die deutsche Physikalische Gesellschaft durch eine öffentliche Diskussion auf einer Tagung der Naturforscher und Ärzte 1920 in Bad Nauheim vermitteln, ohne Erfolg. Im weiteren Verlauf vermischten sich bei Lenard seine wissenschaftlichen Ansichten immer mehr mit antisemitischen Ressentiments, so dass er schließlich in seinem Lebensrückblick, *Erinnerungen eines Naturwissenschaftlers, der Kaiserreich, Judenherrschaft*[12] *und Hitler erlebt hat,* Einsteins Relativitätstheorie als »Judenbetrug« bezeichnete (Lenard 2010, S. 231).

Das Physikalische Institut geriet unter Lenards rigider Führung in die völlige Stagnation und wissenschaftliche Isolation. Lenard trat aus der Deutschen Physikalischen Gesellschaft aus, und deren Mitgliedern wurde fortan durch ein von Lenard eigenhändig geschriebenes Schild der Zutritt zu seinem Dienstzimmer verwehrt: »Mitglieder der sogenannten Deutschen Physikalischen Gesellschaft haben keinen Zutritt« (◆ Abbildung 4.7). Die großartige Entwicklung der Physik in den zwanziger Jahren wurde auf diese Weise vom Institut ferngehalten. Auch

12 Mit dem Wort »Judenherrschaft« bezeichnet Lenard die Zeit der Weimarer Republik.

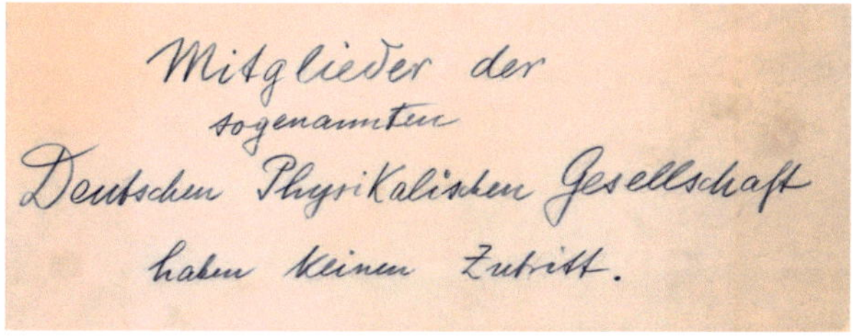

Abbildung 4.7 Von Lenard eigenhändig geschriebenes Schild – ein Drudenfuß gegen das Eindringen der Physik des 20. Jahrhunderts in das Physikalische Institut. *(Der Drudenfuß ist ein Schutzzeichen [häufig ein umgekehrtes Pentagramm], das vor Geistern [Druden] schützen soll.)*

innerhalb der Universität geriet Lenard zunehmend in Isolation. Das veranlasste ihn wohl, bereits 1927 mit 65 Jahren ein Emeritierungsgesuch zu stellen. Als aber die Fakultät die Berufungsliste: James Franck (Göttingen), Gustav Hertz (Halle) und Hans Geiger (Tübingen) verabschiedete, zog er sein Gesuch zurück. Er wollte verhindern, dass »Juden und deren Befreundete« oder gar »ein aus England gekommener Physiker« (gemeint ist Geiger) seine Nachfolge anträten.

1931 wurde Lenard dann endgültig emeritiert. Gegen Lenards Willen wurde Walther Bothe als Nachfolger berufen. Er trat am 1. Oktober 1932 seinen Dienst an. Die Stimmung, die damals im Institut herrschte, beschrieb Bothe in seinen *Lebensbeschreibungen* so:

> »Im Heidelberger Physikalischen Institut herrschte damals schon ein Geist parteimäßiger Engstirnigkeit und des Kampfes gegen die modernen Fortschritte der Wissenschaft, die kurzerhand als ›jüdisch‹ abgetan wurden. Der Gegensatz zu dem freien Forschergeist in Berlin, der durch Leute wie Planck, Einstein, von Laue usw. bestimmt wurde, konnte nicht größer sein. In Heidelberg war es gefährlich, nur diese Namen zu nennen.« (Bothe 1945)

Auch der Chemiker Karl Freudenberg, der damals Dekan der naturwissenschaftlich-mathematischen Fakultät war, erinnert sich noch, wie Ludwig

Wesch, ein Assistent Lenards und überzeugter Nationalsozialist, Bothe das Leben schwer machte:

> »Die lebhaften Klagen des damaligen Institutsdirektors Professor Walther Bothe sind mir in Erinnerung. Wesch ließ auf dem Boden des Physikalischen Instituts exerzieren, er belästigte die Arbeitenden durch einen Lautsprecher und schikanierte den Institutsdirektor. Dass Bothe das Physikalische Institut verließ und an die Max-Planck-Gesellschaft übersiedelte, ist zum großen Teil seinem Verdruss über das Auftreten des Herrn Wesch zuzuschieben.« (Freudenberg 1956)

Dass Bothe nach dem Krieg mit Wesch für kurze Zeit eine Gefängniszelle teilen musste, worüber zu Anfang des nächsten Kapitels berichtet wird, ist eine besondere Ironie der Geschichte.

Mit Bothe hätte im Prinzip der Neuanfang beginnen können, aber die politischen und menschlichen Verhältnisse im Institut waren für ihn so unerträglich, dass er krank wurde und schon nach zwei Jahren sein Amt niederlegte. Zu Bothes Nachfolger wurde zunächst Hans Geiger berufen – gegen Lenards Willen. Wie Geigers Erkundungsreise nach Heidelberg verlief, berichtet Heintze:

> »Geiger reiste von Tübingen an und nahm für die Verhandlungen mit Lenard, der wieder in sein altes Dienstzimmer eingezogen war, seinen Assistenten Haxel mit. Das Weitere weiß ich aus Haxels Erzählung: Als die beiden, vom Philosophenweg kommend, das Institut betraten, stießen sie zunächst unten an der Fahrstuhltür auf das Schild ›Mitglieder der sogenannten Deutschen Physikalischen Gesellschaft haben keinen Zutritt‹. Das Schild war Lenards Drudenfuß, mit dem er nicht nur eine Personengruppe, sondern die Physik des 20. Jahrhunderts fernhalten wollte. Die Quantenphysik und alles was damit zusammenhing, wurden von ihm als »jüdische Physik« verteufelt.
>
> Geiger und Haxel wollten das Schild ignorieren, aber da stellte sich ihnen der Hausmeister entgegen: ›Der Herr Geheimrat ist für Sie nicht zu sprechen!‹ Haxel: ›Aber Professor Geiger hat doch einen Ruf nach Heidelberg!‹ Antwort: ›Der Herr Geheimrat empfängt Sie nicht‹.

> Als beide den Philosophenweg wieder hinuntergingen, sagte Geiger: ›Ich hätte nie geglaubt, dass ich aus der Sache so leicht wieder rauskommen könnte‹. Danach gingen die beiden zu Bothe und hatten eine angeregte Diskussion über Kernphysik.« (Heintze 1999)

Danach konnte Lenard seinen ihm ergebenen, langjährigen Assistenten, Dozenten und Extraordinarius August Becker als Bothes Nachfolger am Physikalischen Institut durchsetzen. Becker war wissenschaftlich unbedeutend, führte aber die Ausbildung der Studierenden gewissenhaft weiter und war politisch harmlos. Kurz vor Kriegsende, im Frühjahr 1944, begab sich Lenard mit Frau und Tochter nach Messelhausen (im Main-Tauber-Kreis), wo er 1947 starb.

In Heidelberg wird die Erinnerung an Lenard bewusst wachgehalten – auch als Mahnung an die nächsten Generationen. Im Treppenhaus der Alten Universität führt ein Bild Lenards die Fotogalerie der Heidelberger Nobelpreisträger an, wobei in der Bildunterschrift auch auf seinen Antisemitismus hingewiesen wird. Es fällt nicht leicht, die widersprüchlichen Aspekte in Lenards Persönlichkeit, seine intellektuellen Leistungen und seine weltanschaulichen Verirrungen, gegeneinander abzuwägen. Erstmals versuchte das Max von Laue, als er auf der Physikertagung in Göttingen Lenards Tod mit den folgenden Worten mitteilte:

> »Wir können und wollen die Verfehlungen des Pseudopolitikers Lenard nicht verschweigen oder entschuldigen, aber als Physiker gehörte er zu den Großen.«

Vierzig Jahre später – inzwischen war mehr über Lenards Denken und Wirken bekannt geworden – fällt das Urteil der Heidelberger Physiker deutlich strenger aus:

> »Indem er sich hinreißen ließ zu zunehmend inkompetenten und sachlich ungerechtfertigten Äußerungen, zu politischer Polemik und antisemitischen Verleumdungen, hat Lenard aus heutiger Sicht den moralischen Kredit verspielt, der ihm als Großem in der Physik ursprünglich zustand.« (Neumann et al. 1985)

Wehrwissenschaftliche Forschungen in Heidelberg

Im Jahr 1941 schlug Reichspostminister Wilhelm Ohnesorge, ein Schüler Lenards aus der Kieler Zeit, eine Zusammenarbeit zwischen seinem Ministerium und der Universität Heidelberg vor. Er wollte ein Institut gründen, in dem alle Aspekte des Weltverkehrs und des Weltnachrichtenwesens – nicht nur technische, sondern auch wirtschaftliche, politische und juristische Aspekte – wissenschaftlich bearbeitet werden. Das Institut war als Stiftung der Reichspost gedacht und sollte an die Universität Heidelberg dadurch angebunden werden, dass dessen Leitung einem Professor der Universität übertragen wurde. Ein Leiter war schnell gefunden: Ludwig Wesch.

Ludwig Wesch (1909–1994) war ein Schüler Lenards und ein »strammer Nazi« (Schönbeck 2006, S. 1117f). Schon 1927 bei Beginn seines Studiums in München trat er in die dortige NS-Hochschulgruppe ein und wurde 1929 Mitglied der NSDAP. Er promovierte 1931 bei Lenard über Phosphoreszenz und Hochfrequenzspektralanalyse, Gebiete, auf denen er auch weiter arbeitete. Im Jahr seiner Promotion trat er in die SS ein und stieg bis zum SS-Führer für das Hauptamt des Sicherheitsdienstes auf, in welcher Position er auch über das Verhalten seiner Universitätskollegen an den Sicherheitsdienst berichtete. Von 1936 bis 1943 leitete er den Theoretisch-Physikalischen Apparat am Philipp-Lenard-Institut und hielt Vorlesungen über theoretische Physik, Radiologie und Hochfrequenztechnik. Sein breites Wissen, zusammen mit seiner politischen Linientreue machten ihn zu einem idealen Kandidaten für die Leitung des Instituts für Weltpost- und Nachrichtenwesen. Für dessen wissenschaftliche-technische Abteilung schlug er die Arbeitsgebiete Elektronik, Hochfrequenz, Phosphoreszenz und Ultraschall vor. Die nicht-technischen Bereiche, die auch geplant waren, wurden nicht realisiert, da die unmittelbar kriegsrelevante Forschung Vorrang hatte.

Für die Unterbringung des Instituts kaufte das Reichspostministerium zunächst die Villa Bergius, Albert-Ueberle-Straße 3–5. Der wissenschaftlich-technischen Abteilung des neuen Instituts standen dort 40 Zimmer zur Verfügung. Die Ausstattung, Bibliothek, Labore und Gehälter wurden von der Post großzügig finanziert. 1942 wurde Wesch Institutsdirektor, und im folgenden Jahr wurde er zum ordentlichen Professor für technische Physik ernannt. Diese Ernennung wurde von dem

Reichserziehungsminister in Berlin ausgesprochen. Ob die Heidelberger Fakultät um Einverständnis gebeten oder wenigstens unterrichtet worden war, ist nicht bekannt.

Über Details der Projekte, die an dem Institut vorangetrieben wurden, ist wenig bekannt, weil es sich um geheime Forschung handelte. Man weiß, dass dort auf dem Prinzip der Interferenz Tarnmatten für U-Boote und Flugzeuge entwickelt wurden, um sie für Radar weniger sichtbar zu machen (»schwarze Flugzeuge« und »schwarze U-Boote«). Die Alliierten unterliefen die Tarnung, indem sie die Frequenz des Radarstrahles änderten. Am Institut wurden auch mithilfe der Phosphoreszenz Bildwandler entwickelt, die unter anderem für das Fernsehen und für Nachtsichtgeräte wichtig waren.

Ab 1944 musste man auch in Heidelberg mit Bombardierungen rechnen, weshalb beschlossen wurde, das Institut in den kleinen Ort Messelhausen auszulagern. Mit einer großen Lastwagenkolonne wurden die Geräte und Bücher aus dem Weltpost-Institut und zum Teil auch aus dem Philipp-Lenard-Institut dorthin verbracht und die Arbeiten weitergeführt.

Walther Bothe zwischen Universität und Kaiser-Wilhelm-Institut

Wenn nach dem Ende des Zweiten Weltkrieges die Heidelberger Physik sich großes Ansehen – national und international – erwerben konnte, dann verdankt sie das Walther Bothe, der nach seinem vorzeitigen Ausscheiden aus der Universität (1934) in Heidelberg blieb und im Kaiser-Wilhelm-Institut forschte, bevor er nach dem Krieg wieder die Leitung des Physikalischen Instituts übernahm.

Walther Bothe (1891–1954) studierte Physik in Berlin. Der schon mehrfach erwähnte Sammelband *Semper Apertus* enthält auch einen Aufsatz über Bothe, verfasst von seinem einstigen Heidelberger Assistenten Heinz Maier-Leibnitz (Maier-Leibnitz 1985). Bothe wollte in Berlin mit einer experimentellen Arbeit bei Heinrich Rubens, der die Schwarzkörperstrahlung vermessen hatte, promovieren. Als dieser ihn nicht annahm, bewarb er sich um eine theoretische Arbeit bei Planck. Wie dessen Betreuung aussah, erzählte Bothe später Maier-Leibnitz, der es aufschrieb:

> »Planck hat in seinem ganzen Leben nur sieben Doktoranden angenommen. Aber er lehnte Bothe nicht gleich ab, sondern fragte: ›An welches Thema hatten Sie denn gedacht?‹ Bothe hatte gedacht und nannte die Erklärung von Brechung und Reflexion des Lichtes aus der Streuung von einzelnen Atomen. Planck dachte nach und sagte: ›Ja, das könnten Sie machen‹. Nach drei Monaten kam Bothe wieder in Plancks Wohnung und brachte Resultate. Planck prüfte sie und sagte: ›Ja, das reicht aber noch nicht‹. Nach weiteren drei Monaten sagte er: ›Gut, jetzt können Sie zusammenschreiben‹. Das war die Betreuung einer Doktorarbeit durch Planck, für Bothe wahrscheinlich ein ungeheures Glück, denn hier musste und konnte er zum ersten Mal zeigen, dass er ganz selbständig und allein Neues machen konnte, mit dem Niveau von Max Planck als Maßstab und Herausforderung.« (Maier-Leibnitz 1985)

Nach seiner Promotion 1913 erhielt Bothe eine Stelle an der Physikalisch-Technischen Reichsanstalt bei Hans Geiger (1882–1945), der das neue Laboratorium für Radioaktivität leitete. Bald unterbrach der Erste Weltkrieg die wissenschaftliche Arbeit, und Bothe meldete sich freiwillig an die Front, wo er schon 1915 in russische Gefangenschaft geriet.

> »Diese [Gefangenschaft] füllte ich mit wissenschaftlicher Arbeit, soweit dies bei vollständigem Mangel an Büchern und sonstigen Hilfsmitteln möglich war (eine Logarithmentafel z. B. musste ich mir selbst durchrechnen). In Sibirien unterrichtete ich außerdem Abiturienten und hielt akademische Vorlesungen.« (Bothe 1945)

1920 floh er aus Sibirien, und auf dem Weg nach Deutschland heiratete er in Moskau Barbara (Warwara) Belowa, die er vor dem Krieg in Berlin kennengelernt hatte.

In Berlin nahm Bothe seine Arbeit bei Geiger wieder auf. Dieser hatte bei Rutherford in Manchester gearbeitet und war an dem berühmten Experiment beteiligt, in dem zum ersten Mal die Größe des Atomkerns gemessen worden war. Geiger führte Bothe in das Gebiet der Kernphysik ein, das damals – und noch für weitere Jahrzehnte – an der Front der Forschung lag. Und noch etwas anderes Wichtiges lernte Bothe von Geiger, wie er in seiner Nobelpreisrede dankbar erzählte:

> »aus einer großen Zahl möglicher und wohl auch nützlicher Experimente immer dasjenige auszuwählen, das im Augenblick als das vordringlichste erscheint, und dieses dann mit einer möglichst einfachen, daher durchsichtigen und wandlungsfähigen Apparatur durchzuführen.« (Bothe 1954)

Für Bothe blieben die Fragestellungen aus der Kernphysik zeitlebens die vordringlichsten. Das galt für ihn auch noch, als er nach 1945 wieder die Professur an der Universität Heidelberg übernahm und dort die Physik neu ausrichtete.

Die erste wichtige Arbeit von Bothe und Geiger betraf den 1923 entdeckten Compton-Effekt. Niels Bohr und andere hatten vermutet, dass bei diesem Prozess die Energie nicht in jedem Einzelprozess, sondern nur im statistischen Mittel über viele Ereignisse erhalten sei. Zur Klärung dieser Frage entwickelten Geiger und Bothe die Koinzidenzmethode. Das gestreute Photon und das gestreute Elektron wurden in zwei von Geiger entwickelten Spitzenzählern registriert und die Ausschläge der Elektrometer, die jeweils an einen Zähler angeschlossen waren, wurden auf einem schnell laufenden Film registriert. Die erreichte Zeitauflösung von 10^{-4} s reichte aus, um Bohrs Vermutung zu widerlegen. Fast 30 Jahre später, als Geiger schon nicht mehr lebte, erhielt Bothe den Nobelpreis für die Erfindung der Koinzidenzmethode und die damit entdeckte Physik.

Ein anderes Experiment Bothes – damals war er schon Professor in Gießen – führte zu der Entdeckung des Neutrons, allerdings nicht durch ihn: Bei der Bestrahlung von Beryllium mit Alphastrahlen entdeckten Bothe und Herbert Becker eine durchdringende Gammastrahlung, die sie nicht erklären konnten. Erst James Chadwick konnte 1932 das Rätsel lösen, indem er ein weiteres neutrales Teilchen, das er Neutron nannte, nachwies. Es handelte sich also um die Reaktion $\alpha + {}^{9}Be \rightarrow n + \gamma + {}^{12}C$. Das Neutron hatten Bothe und Becker mit ihrer Anordnung nicht nachweisen können.

Im Jahr 1930 wurde Bothe auf den Lehrstuhl für Experimentalphysik in Gießen berufen. Zwei Jahre später wurde er Lenards Nachfolger in Heidelberg. Wie schon berichtet, reichte er schon 1934 seinen Rücktritt ein. Glücklicherweise blieb er aber der Physik in Heidelberg erhalten, denn er wurde durch den Präsidenten der Kaiser-Wilhelm-Gesellschaft, seinen früheren Lehrer Max Planck, zum Leiter des Instituts für Physik am Heidelberger Kaiser-Wilhelm-Institut (KWI) für medizinische Forschung in der Jahnstraße bestellt (◆ ABBILDUNG 4.8). Mit der Universität blieb er, wie in solchen Fällen üblich, durch eine Honorarprofessur verbunden, von der er jedoch keinen Gebrauch machte.

Zu dieser Zeit bestand das KWI aus vier Teilinstituten: Physik, Chemie, Pathologie und Physiologie. Unter Bothes Leitung entstand dort eines der in der Kernphysik weltweit führenden Laboratorien (Schmidt-Rohr 1996). Daran hatten auch seine Assistenten, denen er große Freiheit in der Forschung ließ, großen Anteil. Einer von ihnen, Wolfgang Gentner, soll hier besonders erwähnt werden, da er später, als Bothes Nachfolger, das Max-Planck-Institut für Kernphysik in Heidelberg gründete. Bevor Gentner im Jahr 1935 zu Bothe kam, hatte er in Paris als Stipendiat am Institut der Madame Curie gearbeitet und unter anderem den Wirkungsquerschnitt für den Kernphotoeffekt in einer Reaktion von der Art $^{A}Z + \gamma \longrightarrow {}^{(A-1)}(Z-1) + p$ am Beryllium gemessen.

Diese Messungen interessierten auch Bothe. Da aber die Energien der aus radioaktiven Zerfällen entstehenden natürlichen Gammaquanten bald nicht mehr ausreichten, um den Kernphotoeffekt auch bei schwereren Kernen studieren zu können, beschlossen Bothe und Gentner, einen Bandgenerator zur Beschleunigung von Protonen zu bauen und Gammas über die Reaktion $p + {}^{7}Li \longrightarrow \gamma + X$ zu erzeugen. Schon nach einem Jahr konnte mit den ersten Messungen begonnen werden. Der schnelle Erfolg ermutigte sie, 1937 mit der Planung eines Zyklotrons zu beginnen. Gentner reiste nach Berkeley zu Ernest Lawrence, um von den dortigen Erfahrungen beim Bau von Zyklotrons zu lernen. Schon Ende 1943 konnte das Heidelberger Zyklotron in Betrieb genommen werden, zunächst allerdings nur mit dem inneren Strahl. Das ist sehr bemerkenswert, denn inzwischen war der Zweite Weltkrieg ausgebrochen, und die Produktion für den Krieg hatte oberste Priorität.

Bothes Forschungen während des Zweiten Weltkriegs

Auch in den politisch schwierigen Zeiten ging die Physik in Bothes Institut im KWI fast ungestört weiter. Das mag einmal damit zusammenhängen, dass Bothe dafür sorgte, dass die Politik von der Arbeit im Institut ferngehalten

ABBILDUNG 4.8 Walther Bothe im Kaiser-Wilhelm-Institut für medizinische Forschung (Foto um 1936).

wurde. Zum anderen war seit der Entdeckung der Kernspaltung die kernphysikalische Forschung kriegswichtig, so dass auch die Grundlagenforschung auf diesem Gebiet einen gewissen Schutz genoss.

Der Aufsatz von Otto Hahn und Fritz Straßmann über die Entdeckung der Kernspaltung war im Januar 1939 erschienen. Schon im April 1939 berief das Reichserziehungsministerium eine Konferenz von Experten ein, später »Uranverein« genannt, um über die Herstellung eines Kernreaktors zu diskutieren. An dieser Konferenz nahmen auch Bothe und Gentner teil. Bothe bekam den Auftrag, zu untersuchen, ob sich Kohlenstoff eignen würde, um die bei der Kernspaltung entstehenden schnellen Neutronen zu »moderieren«, d. h. abzubremsen, damit sie dann beim ^{235}U eine neue Spaltung auslösen könnten. Seine Messungen, die er an natürlichem Graphit ausführte, ergaben, dass sich Kohlenstoff als Moderator nicht eignen würde, weil er zu viele Neutronen absorbiere. Dieses für den Reaktorbau wichtige Ergebnis war allerdings durch Verunreinigungen, insbesondere durch Bor, im verwendeten natürlichen Graphit verfälscht. Bothe erwähnte in seiner Arbeit diese mögliche Fehlerquelle, konnte aber ihre Auswirkungen nicht genau abschätzen (Bothe 1940). Für diese »falsche« Messung wurde Bothe sehr kritisiert. Nach Kriegsende ergab eine neue Messung mit reinem Graphit, dass Bothes Wert von 6,4 ± 1 mb für den Absorptionswirkungsquerschnitt nur um 2 Standardabweichungen über dem genaueren Wert von 4,5 ± 0,3 mb lag (Koester 1980).

Übrigens beschäftigten sich in Deutschland auch andere Gruppen mit der Moderation und Absorption von Neutronen in Kohlenstoff. In Hamburg experimentierte Paul Harteck mit Trockeneis (gefrorenem Kohlendioxid) statt Graphit. Hans Jensen, der später in Heidelberg die theoretische Physik aufbauen sollte, lieferte für die Auswertung des Experiments die Formeln für die Diffusion und Absorption der Neutronen (Harteck 1940).

Um die Energieverteilung der aus der Spaltung des Urans entstehenden Neutronen zu vermessen, wurde am KWI natürliches Uran mit Neutronen beschossen, wobei man als Neutronenquelle ein Radiumpräparat und Kernreaktionen benutzte. Dass das Experimentieren mit Uran auch in ganz unerwarteter Weise nicht ungefährlich war, zeigt die folgende Episode. Im Keller des KWI lagerten damals größere Mengen Uranmetalls. Als man für einen Versuch größere Stücke heraussuchte und sie auf einer Glasplatte anordnete, entzündeten sie sich spontan. Das Phänomen der Selbstentzündung war an sich bekannt, aber vielleicht den Technikern, die den Versuch vorbereiten sollten, nicht erklärt worden. Was dann passierte, beschreibt Ulrich Schmidt-Rohr, der später am Max-Planck-Institut für Kernphysik einer der Direktoren wurde, wie folgt:

> »In Kürze geriet so das gesamte Uran im Tiefkeller in Brand. Den Technikern, die damals alle ihre Gasmaske griffbereit hatten, gelang es in heroischem Einsatz, das brennende Uran auf den Hof zu holen. Das Uran wurde mit feuchtem Luftschutzsand abgedeckt, brannte aber weiter. Auf Grund seiner vielen Oxydationsstufen oxydiert das Uran auch bei Luftabschluss mit Wasser exotherm um. Fünfer [ein Gastwissenschaftler am KWI] war nicht aktionsfähig. Die Techniker, durch die mit hohen Strafen belegten Geheimhaltungsvorschriften verängstigt, schaufelten daraufhin nach Einbruch der Dunkelheit das glühende und rauchende Uran in eine große Wanne, luden sie auf einen Handwagen, fuhren im

> Laufschritt auf die Neckarbrücke und warfen das Ganze in den Neckar. Bei der nachfolgenden Explosion soll das Wasser bis über die Brückengeländer gespritzt sein.« (Schmidt-Rohr 1996, S. 42)

Nach der Besetzung von Paris durch die deutschen Truppen im Jahr 1940 übertrug das Heereswaffenamt Bothe die Aufsicht über das Laboratorium, in dem Frédéric Joliot-Curie und seine Mitarbeiter dabei waren, ein Zyklotron in Gang zu setzen. Dieser Beschleuniger sollte unter anderem auch Neutronen hoher Intensität und Energie liefern, wodurch er auch für die Untersuchung der Kernspaltung wissenschaftlich interessant und damit kriegswichtig war. Bothe schlug Gentner als Direktor vor, was dieser aber erst akzeptierte, nachdem er mit Joliot, seinem Freund aus früheren Zeiten, eine Abmachung geschlossen hatte, mit der beide leben konnten. Mit mutigen Interventionen gelang es Gentner später, für Paul Langevin und für Joliot die Freilassung zu erwirken, als diese aus verschiedenen Anlässen verhaftet worden waren. Da Gentner aus Sicht der deutschen Verwaltung zu stark mit den Franzosen sympathisierte, wurde er 1942 aus Paris abkommandiert und kehrte – glücklicherweise ohne weitere Konsequenzen – an das KWI zurück.

Trotz der guten Arbeitsbedingungen am KWI war Bothe alles andere als glücklich mit der politischen Situation. Aber er wählte nicht die Emigration, die er sehr wohl erwogen hatte, sondern blieb in Deutschland:

> »Der Gedanke der Emigration tauchte nach 1933 bei mir auf, was mich davon abhielt, war (neben der Rücksicht auf meine kranke Frau) vor allem die Überzeugung, in dem mir anvertrauten Institut einen Kulturposten verteidigen zu müssen.« (Bothe 1945)

Dass Bothe in Deutschland blieb, war ein großes Glück für Heidelberg, denn nach dem Zusammenbruch war er es, der die Physik in Heidelberg wieder aufbaute.

Eine taktische Parteimitgliedschaft

»Ich bin und war nicht Mitglied der NSDAP.« Mit diesem lapidaren (und einzigen) Satz beantwortete Bothe am 20. September 1935 eine Anfrage des Rektorats der Universität Heidelberg, ob er der Nationalsozialistischen Deutschen Arbeiterpartei angehöre. Zu diesem Zeitpunkt war Bothe hauptberuflich am Kaiser-Wilhelm Institut angestellt und mit der Universität nur über eine Honorarprofessur verbunden. Da das KWI nicht zum öffentlichen Dienst gehörte, musste Bothe wegen seiner Nicht-Mitgliedschaft keine Nachteile befürchten.

Anders sah es für junge Wissenschaftler aus, die an einer Universität (und damit im öffentlichen Dienst) angestellt waren. Der spätere Heidelberger theoretische Physiker Hans Jensen war einer von ihnen. Während des Dritten Reiches strebte er an der Universität Hamburg eine Hochschulkarriere an. Im Jahr 1937, während sein Habilitationsverfahren lief, wurde er gedrängt, der NSDAP beizutreten. Er berichtete darüber ausführlich in dem Fragebogen, den er 1946 im Rahmen des Entnazifizierungsverfahrens ausfüllen musste:

»Im Sommer 1937 stellte der Gauleiter allen Beamten Hamburgs den Parteieintritt anheim, die Aufnahmeantragsformulare wurden uns durch die Behördendienststellen namentlich zugestellt. Unter diesem Druck wurde der überwiegende Teil der Hamburger Beamtenschaft Pg. [Parteigenosse], z.B. sind von der ganzen naturwissensch. Fakultät in Hbg. nur die beiden Ordinarien Prof. Hecke und Prof. Harteck nicht der Partei beigetreten. Der Nichteintritt wurde deshalb in Hamburg als eindeutige Erklärung der Gegnerschaft mit allen Konsequenzen beurteilt.

Zu jener Zeit lief mein Habilitationsverfahren und als weitere Erschwerung war gerade aus alten Akten ausgegraben worden, dass meine Frau vor 33 eine linksgerichtete ASTA-Kandidatenliste unterzeichnet hatte, und wir wurden zur Unterbrechung ihres Medizinstudiums genötigt, was natürlich auch meine politische Beurteilung durch die Dozentenführung beeinflussen musste.

Die Frage meines Parteieintritts war deshalb für mich praktisch identisch mit der meines Verbleibs im deutschen Hochschulleben. Dies war kein ökonomisches Problem, (da ich als politisch-emigrierter- oder als Industriephysiker in Deutschland eine wirtschaftlich bessere Position gehabt hätte als ein Hochschuldozent), sondern es war ein Frage der politischen Taktik, in welcher Weise ich in nazigegnerischem Sinne am besten wirken könnte. Nach langen Beratungen mit den oben genannten Herren Hecke und Harteck habe ich mich dann entschlossen, das Odium der formalen Mitgliedschaft der Nazipartei auf mich zu nehmen, und ich betone, dass ich auch rückblickend diesen Schritt für richtig halte, denn:

Ich habe etwas mitwirken können, in der heranwachsenden Studentenschaft die Kritik am Nationalsozialismus wachzuhalten durch die Art meines Unterrichts und durch persönliche Unterredungen.

Durch mein Auftreten als Angehöriger deutscher Hochschulen im Ausland glaube ich dazu beigetragen zu haben, dass die Deutschen Wissenschaftler als Gesamtheit nicht völlig der moralischen Ächtung anheimgefallen sind, und diese halte ich für eine der Brücken zu normalen Beziehungen Deutschlands mit der Außenwelt.

Durch meine Position habe ich in den späteren Jahren manchem Bedrängten, insbesondere jüdischen und ausländischen Kollegen beistehen können, z. B. ist es in einer gemeinsamen Aktion Prof. Houtermans und Prof. Becker, Göttingen, und mir gelungen, den jüdischen Physiker Prof. Rich. Gans, jetzt La Plata, Argentinien, vor der Deportation nach Polen zu bewahren. (...)« (Jensen 1946).

Seinem Fragebogen legte Jensen eine Reihe von Briefen bei, u. a. von Werner Heisenberg, in denen ihm bescheinigt wurde, dass er nicht für den Nationalsozialismus eingetreten war, sondern sogar manchem Verfolgten geholfen hatte. So schreibt z. B. Professor Egil Hylleraas aus Norwegen:

> »Ich kenne persönlich Professor Jensen schon seit 1933 als sehr klaren Antinazi, und ich bin auch zweimal während des Krieges in Kontakt mit ihm gewesen, als er in beruflicher Angelegenheiten Norwegen besucht hat. Ich kann deshalb versichern, dass er alle Zeit ein Gegner des Nazismus gewesen ist.« (Hylleraas 1946)

In dem Entnazifizierungsverfahren wurde Jensen in erster Instanz als »Mitläufer« eingestuft. Jensen legte Widerspruch ein und fügte weitere ihn entlastende Briefe bei. Daraufhin wurde sein Verfahren bei der Spruchkammer wieder eröffnet und führte im Mai 1949 zu einem Freispruch, d. h. Jensen wurde als »entlastet (Kategorie V)« eingestuft.

5.

Gelungener Neuanfang (1945–1960)

Für die Heidelberger Bürger war der Krieg mit dem Einmarsch der Amerikaner am 30. März 1945 zu Ende. Die Universität wurde auf Anordnung der Besatzungsmacht geschlossen. Aber schon wenige Tage später konstituierte sich – auf Initiative der amerikanischen Spionageabwehr (CIC, Counter Intelligence Corps) – eine kleine Gruppe von politisch unbelasteten Professoren, um Pläne für eine innere und äußere Erneuerung der Universität auszuarbeiten. Zu dieser Gruppe, die nach der Zahl ihrer Mitglieder »Dreizehnerausschuss« genannt wurde, gehörte neben dem Philosophen Karl Jaspers und dem Chirurgen Karl Heinrich Bauer auch der Physiker Wolfgang Gentner als Vertreter der Nichtordinarien. Nach intensiven Verhandlungen mit den Vertretern der amerikanischen Besatzung wurde erreicht, dass schon im August 1945 ein neuer Rektor, Karl Heinrich Bauer, gewählt werden durfte und danach die Universität schrittweise wiedereröffnet werden konnte: zuerst die Fakultäten der Medizin und Theologie und die übrigen im Januar 1946 (Wolgast S. 167ff).

Personelle Erneuerung

Zur Erneuerung der Universität gehörte insbesondere, dass alle Professoren auf ihre politische Vergangenheit überprüft wurden und je nach dem Grad ihrer Belastung entlassen oder weiterbeschäftigt wurden. Dazu zwei Beispiele aus der Physik (Schönbeck 2006, S. 1139 ff): Ludwig Wesch, Professor für technische Physik und Leiter des Instituts für Weltpost- und Nachrichtenwesen, wurde im April 1945 verhaftet und aus seiner Professur entlassen. Er ging in die Privatwirtschaft, wo er offensichtlich erfolgreich war, denn er wurde Inhaber von ca. 40 deutschen und 200 ausländischen Patenten.

Lenards Nachfolger August Becker wurde zunächst in seinem Amt bestätigt, aber plötzlich – einen Monat vor dem Erreichen seines Ruhestandes – im Februar 1946 entlassen. Der Grund war wohl ein Brief Lenards, wie sich aus einem Schreiben des damaligen Dekans Karl Freudenberg an die Landesverwaltung ergibt, in dem es heißt:

> »Vor kurzem ist jedoch das besondere Interesse der amerikanischen Behörden am Physikalischen Institut erwacht, angeblich durch einen Brief Lenards, der Professor Becker beschuldigt, ihn, Lenard, zum Nationalsozialismus verleitet zu haben.« (Schönbeck 2006, S. 1142)

Ein solcher Brief Lenards – sofern es ihn gab – ist ungeheuerlich und umso unverständlicher, als Lenard wegen seines Verhaltens unter den Nationalsozialisten vermutlich wegen seines hohen Alters selbst nicht mehr zur Rechenschaft gezogen wurde. Becker wurde im Rahmen eines Spruchkammerverfahrens als »Mitläufer« eingestuft, beglich seinen Sühnebescheid und wurde im Jahr 1951 als Emeritus wieder in die Universität aufgenommen.

Mit den amerikanischen Truppen kam auch der amerikanische Geheimdienst nach Heidelberg. Der Physiker Samuel Goudsmit war Leiter der ALSOS-Mission, die den Stand der deutschen Kernforschung erkunden sollte. Direkt nach der Besetzung Heidelbergs verhörte Goudsmit auch Bothe und Gentner. Etwa zwei Monate später erfuhr Goudsmit, dass Bothe verhaftet worden war:

»Es war wohl im Juni [1945], als ich schon wieder in Paris war, dass ich von unserem Heidelberger Büro hörte, dass Bothe von der lokalen Spionageabwehr verhaftet worden war. Ich ordnete eine sofortige

Untersuchung an. Wie sich herausstellte, handelte es sich um einen unbegründeten Verdacht im Zusammenhang mit den Aktivitäten des »Wehrwolfs«, einer fanatischen Untergrundorganisation der Nazis. Auf unsere Empfehlung hin wurde Bothe sofort entlassen. Er konnte uns sicher leicht verzeihen, dass wir ihn grundlos ins Gefängnis gebracht hatten; so etwas gehörte unter den Nazis zum Alltag. Doch fast unerträglich muss es für ihn gewesen sein, dass er mit seinem Erzfeind Wesch eine Zelle teilen musste. Die Offiziere der Spionageabwehr hatten nicht genügend Zellen und, da [mit Wesch] schon ein anderer Professor bei ihnen einsaß, sperrten sie einfach Bothe mit diesem zusammen.« (Goudsmit 1947, S. 86)

Das Gebäude Albert-Ueberle-Straße 3–5, in dem Weschs Institut für wehrwissenschaftliche Forschungen untergebracht war, wurde nach Kriegsende von der amerikanischen Armee beschlagnahmt, das wissenschaftliche Material wurde durchforstet und zum Teil abtransportiert. Danach zog der amerikanische Geheimdienst (CIA) ein. Im Jahr 1959 wurde das Gebäude dem neugegründeten Institut für Angewandte Physik zugewiesen.

Bothe übernahm das Steuer

Die Vakanz am Physikalischen Institut konnte schnell beendet werden: Schon am 1. Mai 1946 übernahm Walther Bothe den Lehrstuhl für Physik. Das war nicht nur für die Universität eine gute Lösung, sondern auch für ihn persönlich, denn seine Abteilung im Kaiser-Wilhelm-Institut (KWI) wurde von den Amerikanern bis 1953 besetzt gehalten. Außerdem kannte Bothe sich an der Universität aus, da er schon einmal, von 1932 bis 1934, den Lehrstuhl innegehabt hatte. Aber er übernahm ein in jeder Hinsicht heruntergewirtschaftetes Institut. Zuletzt hatten noch die Amerikaner daraus den größten Teil der interessanten Apparate abtransportiert. Glücklicherweise konnte er sich auf kompetente Assistenten und Doktoranden, die er aus dem KWI mitgebracht hatte, stützen. Um die wissenschaftliche Arbeit in Gang zu bringen, musste viel improvisiert werden. Einige Geräte konnten aus dem KWI und aus Weschs früherem Institut übernommen werden. Auch Restposten aus Wehrmachtsbeständen konnten billig erworben werden. Andere Geräte mussten in der Werkstatt gebaut werden.

Die Forschungs- und Doktorarbeiten schlossen sich thematisch an die Arbeiten im KWI an. Die kernphysikalischen Arbeiten Bothes verteilten sich in diesen Jahren auf Neutronenuntersuchungen, Elektronenstreuung und kosmische Strahlung. Mit Hilfe der Neutronenstreuung an leichten Kernen wurden angeregte Zustände von leichten Kernen studiert. Die Vielfachstreuung von Elektronen mit Energien bis zu 1 MeV wurde untersucht und ein ß-Spektrometer für die Untersuchung der Kern-ß-Zerfälle konstruiert. Mehr Details findet man in dem sehr informativen Aufsatz von Kopfermann (Kopfermann 1960) über die Geschichte der Heidelberger Physik in der Zeit von 1945 bis 1960.

Bothe musste auch den Studienbetrieb organisieren. Er hielt die große Vorlesung, was ihm anfangs nicht leichtfiel, und prüfte die Studenten, wobei er hohe Ansprüche stellte:

> »Wie in allen anderen deutschen Universitäten stieg in diesen Jahren die Zahl der Bewerber um einen Studienplatz auch in Heidelberg dramatisch. Bothe meinte, dass er sich dieser Studentenflut mit aller Kraft entgegenstemmen müsse. Sein wiederholt formuliertes Ziel war es, mit einer möglichst kleinen Zahl hochqualifizierter Mitarbeiter möglichst gute Physik zu machen. Er führte deshalb Semestralprüfungen für Rückmeldescheine ein. Nur mit einem von ihm unterschriebenen Rückmeldeschein durfte das Studium im folgenden Semester fortgesetzt werden. Ein Viertel der Kandidaten bestand diese Prüfung und blieb von da ab unbehelligt. Wer nicht bestanden hatte, musste ein Semester später wiederholen.« (Schmidt-Rohr 1996, S. 60 f)

Und wie fühlten sich die Studenten der Physik zu dieser Zeit? Berthold Stech, der bei Bothe promoviert hatte und später in Heidelberg Professor für theoretische Physik wurde, erinnerte sich noch gerne an seine ersten Semester:

> »Mein Studium nach der Rückkehr aus der Gefangenschaft wurde durch finanzielle Opfer meiner Eltern und Geschwister ermöglicht. 1946 waren die Hörsäle der Universität überfüllt mit zurückgekehrten und vielfach auch verwundeten Kriegsteilnehmern. Trotz schwieriger Lebensverhältnisse – wir hatten nur selten genug zu essen – war es eine wunderbare Zeit.

> Wir Studenten genossen die völlig ungewohnte Freiheit, wir mussten keinem Befehl mehr folgen und konnten frei entscheiden, was wir tun und lassen wollten. Ich hatte zusammen mit einem Studenten der Volkswirtschaft ein Zimmer im Collegium Academicum, wo sich jetzt die Universitätsverwaltung befindet. Im Collegium Academicum habe ich Freunde gefunden, wir haben viel gefeiert und getanzt, denn wir hatten außerordentlich viel nachzuholen. Aber es wurde auch sehr viel gearbeitet. Meinen ersten Besuch des großen Physik-Hörsaals am Philosophenweg werde ich nie vergessen. Von oben, im überfüllten Hörsaal, sah ich tief unten den weißhaarigen Professor Bothe, wie er wie ein großer Zaubermeister mit merkwürdigen Geräten hantierte. Ich habe fast nichts verstanden und bin deshalb zum kleinen Hörsaal gegangen. Dort las Professor Walter Wessel als Gastprofessor die theoretische Mechanik. Es gab viel weniger Studenten, da diese Vorlesung für Hörer des 3. Semesters gedacht war. Ich blieb dabei und habe in der Tat von Wessel sehr viel profitiert. Die Vorlesung war außerordentlich anregend und weckte mein Interesse für theoretische Arbeiten. Wessel ging allerdings nach diesem Semester in die Vereinigten Staaten und kam erst sehr viel später als Professor für theoretische Mechanik nach Heidelberg zurück. Bis 1949, als Hans Jensen nach Heidelberg berufen wurde, gab es in Heidelberg keine Lehrer mehr für theoretische Physik.« (Stech 2017, S. 170)

Das Physikalische Kolloquium, das bis heute eine »geheiligte« Institution der Heidelberger Physik ist, wurde im Wintersemester 1947/48 durch Bothe begonnen, jeweils freitags um 18:15 Uhr. Der Redner, der meist aus dem Institut kam, sprach vor etwa 20 bis 30 Zuhörern und es wurde intensiv diskutiert.

Bothes sechzigster Geburtstag im Jahr 1951 war die erste Gelegenheit nach dem Krieg, bei der die Heidelberger Physik international sichtbar wurde. Eine kleine Tagung wurde organisiert, an der etwa 40 ausländische Gäste und mehr als 50 deutsche Physiker teilnahmen, darunter mehrere Nobelpreisträger. Den Bedenken mancher jüdischer Eingeladener, sie könnten auf der Tagung mit Nazis zusammentreffen, wurden durch die Einladenden schon im Vorfeld entkräftet. Auf dem Programm standen Vorträge über das Kernschalenmodell, die kosmische Strahlung,

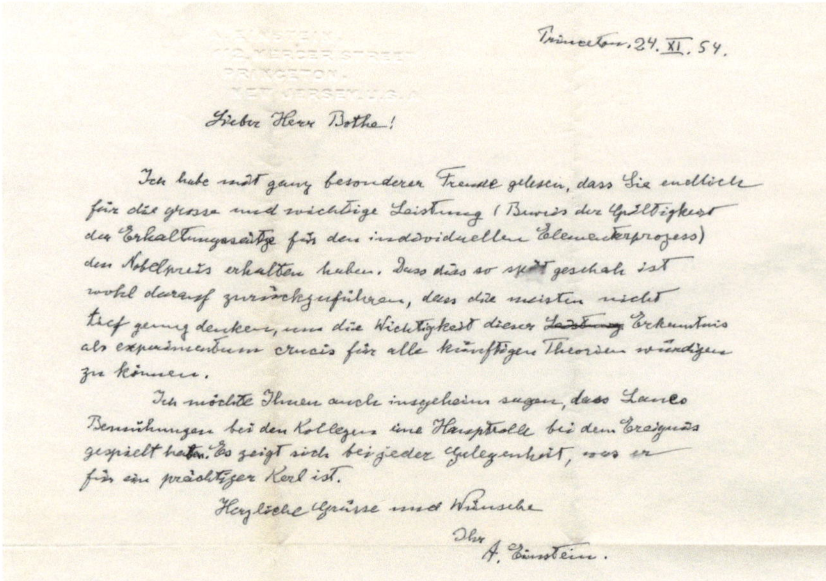

Princeton 24.XI.54

Lieber Herr Bothe!

Ich habe mit ganz besonderer Freude gelesen, dass Sie endlich für die grosse und wichtige Leistung (Beweis der Gültigkeit der Erhaltungssätze für den individuellen Elementarprozess) den Nobelpreis erhalten haben. Dass dies so spät geschah ist wohl darauf zurückzuführen, dass die meisten nicht tief genug denken, um die Wichtigkeit dieser Erkenntnis als experimentum crucis für alle künftigen Theorien würdigen zu können.

Ich möchte Ihnen auch insgeheim sagen, dass Laues Bemühungen bei den Kollegen eine Hauptrolle bei dem Ergebnis gespielt hatten. Es zeigt sich bei jeder Gelegenheit, was er für ein prächtiger Kerl ist.

Herzliche Grüsse und Wünsche

Ihr A. Einstein.

Abbildung 5.1 Albert Einstein gratuliert Walther Bothe zum Nobelpreis.

die Produktion von Mesonen und die Altersbestimmung mithilfe radioaktiver Zerfälle.

Drei Jahre später, 1954, erhielt Bothe den Nobelpreis für Physik für die Entwicklung der Koinzidenzmethode zusammen mit Max Born, der für seine Beiträge zur Entwicklung der Quantenmechanik geehrt wurde. Einstein gratulierte mit einem handschriftlich verfassten Brief (◆ ABBILDUNG 5.1).

Nachdem die Amerikaner im Jahr 1953 Bothes Abteilung im früheren Kaiser-Wilhelm-Institut, das inzwischen in Max-Planck-Institut (MPI) für medizinische Forschung umbenannt worden war, endgültig geräumt hatten, verließ Bothe die Universität und ging dorthin zurück, um sich wieder ganz der Forschung zu widmen. Er hinterließ ein wohl bestelltes Haus am Philosophenweg. Nicht nur hatte er Lehre und Forschung in Gang gebracht, sondern auch die zukünftige Richtung der Heidelberger Physik festgelegt, indem er sich bei der Besetzung zweier neuer Lehrstühle erfolgreich für die Berufung zweier Kernphysiker, des Theoretikers Hans Jensen und des Experimentalphysikers Otto Haxel, eingesetzt hatte. Hans Kopfermann wurde Bothes Nachfolger (◆ ABBILDUNG 5.2).

ABBILDUNG 5.2 Bothe, Haxel und Kopfermann v. l. n. r. (Foto 1951).

Mit Jensen begann die theoretische Physik in Heidelberg

Es ist erstaunlich, dass in Heidelberg erst so spät eine theoretische Physik als eigenständiges Institut entstand. Zwar gab es schon seit 1896 ein Extraordinariat für theoretische Physik, zu dem der »Theoretisch-Physikalische Apparat« gehörte. Aber diese Professur und der zugeordnete Apparat waren nicht selbständig, sondern Teil des Physikalischen Instituts, und sein Inhaber (der erste war Lenard) hatte eher die Rolle eines experimentierenden Haustheoretikers. Diese Situation änderte sich erst mit Jensen, der 1949 einen Lehrstuhl für theoretische Physik übernahm. Zwar bezogen auch er und seine Mitarbeiter zunächst zwei Räume im Gebäude des Physikalischen Instituts, aber die Theoretiker waren von Anfang an in einem unabhängigen Institut organisiert.

Johannes Hans Daniel Jensen (1907–1973) stammte aus dem Norden Deutschlands. Er wurde in Hamburg geboren – sein Vater war Gärtner am Botanischen Garten – und studierte die meiste Zeit in Hamburg. Dort wurde er auch promoviert und habilitierte sich. Von 1941 bis 1948 lehrte er als Professor für theoretische Physik an der Technischen Hochschule Hannover. Ausführlich werden Jensens Leben und Leistungen in einem Aufsatz von Günter Dosch und Berthold Stech in dem Sammelband *Semper Apertus* beschrieben (Dosch et al. 1985).

Kaum war Jensen in Heidelberg, wurde er zum Motor der Entwicklung der gesamten Heidelberger Physik und Förderer für viele Theoretiker, die später Lehrstühle erhielten. Das galt auch für seine Assistenten Michael Danos (1922–1999) und Helmut Steinwedel (1921–2004), die Jensen nach Heidelberg mitbrachte. Jensen selbst trieb seine Forschungen voran, hielt Vorlesungen und Seminare, kümmerte sich um Verwaltung und Bibliothek und kämpfte um die Errichtung neuer Lehrstühle. Zusammen mit Bothe gelang es ihm, Otto Haxel, mit dem er schon in Hannover zusammengearbeitet hatte, für einen neuen Lehrstuhl für Experimentalphysik zu gewinnen. Und anlässlich der Berufung von Hans Kopfermann, Bothes Nachfolger, erreichte er, dass das Land das Anwesen Philosophenweg 16, die Villa Merton, ankaufte (◆ Abbildung 5.3). Im Jahr 1956 wurde dort das Institut für Theoretische Physik zusammen mit der Zentralbibliothek der Physik untergebracht. Außerdem bezogen Kopfermann und Jensen dort je eine Dienstwohnung. Es ist sicherlich eines der schönsten

ABBILDUNG 5.3 Villa Merton, Philosophenweg 16. Ab 1956 Institut für Theoretische Physik und Zentralbibliothek der Physikalischen Institute.

Institute für theoretische Physik weltweit, in dessen Garten Jensen gerne arbeitete. In demselben Jahr, nämlich 1956, gelang es, Walter Wessel (1900–1984) auf einen Lehrstuhl für theoretische Mechanik zu gewinnen, was den spürbaren Mangel an theoretischen Lehrkräften linderte. Sein Hauptarbeitsgebiet war allerdings nicht theoretische Mechanik, sondern die quantentheoretische Beschreibung des Elektrons mit dem Ziel einer Berechnung seiner Masse.

In Hamburg hatten sich Jensens Forschungen zunächst auf die theoretische Beschreibung von Atomen bezogen. Gegen Ende der dreißiger Jahre wandte er sich dann den Atomkernen zu, über deren Systematik noch nicht viel bekannt war. Jensen war deshalb auf Kontakte zu Experimentalphysikern wie Otto Haxel und Hans Eduard Suess angewiesen. Sie hatten die Systematik von Kernbindungsenergien und die

Häufigkeitsverteilungen der Elemente studiert und eine Art Schalenstruktur, wie sie schon von den Atomen bekannt war, auch bei Atomkernen vermutet. Denn verschiedene Kerneigenschaften zeigten bei den »magischen« Neutronen- oder Protonenzahlen 2, 8, 20, 28, 50, 82 und 126 Sprünge oder andere Besonderheiten, die als »Schalenabschlüsse« interpretiert werden konnten. Mit seinen Erfahrungen aus der Atomphysik gelang es Jensen, die Schalenstruktur in Atomkernen zu erklären, indem er annahm, dass sich die Nukleonen unabhängig voneinander bewegen, und zwar in einem mittleren Zentralpotential mit einer sehr starken Spin-Bahn-Kopplung. Im Vergleich zu den Atomen war das Neue bei den Kernen die starke Spin-Bahn-Kopplung, für die es bis heute noch keine einfache Erklärung gibt.

Bald erfuhren Haxel, Jensen und Suess, dass Maria Goeppert-Mayer (1906–1972) in Chicago zu demselben Ergebnis gekommen war – allerdings auf einem anderen Weg. Das war einerseits ein Grund zum Stolzsein darauf, dass man in Deutschland wieder international konkurrenzfähig geworden war, aber auch ein Grund zur Angst, dass jemand anderes dafür die Lorbeeren einheimsen könnte. Eine solche Situation, in der zwei Gruppen gleichzeitig und unabhängig voneinander zu demselben Ergebnis kommen, ist in der Forschung nicht selten und kann zu hässlichem Streit um die Priorität führen. Die Heidelberger gingen vorbildlich mit der Situation um. Anstatt etwas zu verbergen, suchte Jensen den Kontakt mit Goeppert-Mayer, indem er ihr einen Brief schrieb:

> »Sehr geehrte Frau Goeppert-Mayer, als Anlage sende ich Ihnen die Sonderdrucke unserer kurzen Notizen zur Interpretation der magic numbers. Unser Vertrauen, dass ihr doch ein vernünftiger physikalischer Sinn zugrunde liegt, ist gewachsen, als wir erfuhren, dass auch Sie zur gleichen Zeit dieselben Vorschläge gemacht haben. (…) Man drängt uns hier jetzt sehr, bald eine ausführlichere Darstellung unserer Überlegungen zu publizieren. Ich beginne gerade, ein entsprechendes Manuskript zusammenzuschreiben und ich möchte Sie fragen, ob wir uns erlauben dürfen, es Ihnen vor der Drucklegung zuzusenden (…).« (Jensen 1949)

Erst nachdem die Geheimhaltung für Goeppert-Mayers Arbeiten aufgehoben worden war, konnten zwei Artikel, der eine von Goeppert-Mayer und der andere von Haxel, Jensen und Suess, in derselben Ausgabe des

Abbildung 5.4 Maria Goeppert-Mayer und Hans Jensen bei der Arbeit in Heidelberg.

Physical Review des Jahres 1949 erscheinen. Beide waren jeweils nur etwa eine Seite lang und eher Ideenskizzen als eine wohlbegründete Theorie. Bis das Schalenmodell für Atomkerne allgemein akzeptiert wurde, mussten viele Daten von Bindungsenergien, magnetischen Momenten, Spins und Übergangswahrscheinlichkeiten bei β- und γ-Zerfällen analysiert und erklärt werden. Das unternahmen Goeppert-Mayer und Jensen in einer sehr fruchtbaren Zusammenarbeit, die zu dem Buch *Elementary Theory of Nuclear Shell Structure* (Goeppert-Maier und Jensen 1955) führte. ◆ Abbildung 5.4 zeigt beide bei einer Diskussion. Im Jahr 1963 wurde der Nobelpreis zur einen Hälfte an Goeppert-Mayer und Jensen, zur anderen Hälfte an Eugene Wigner (1902–1995) verliehen. Das Telegramm, in dem Jensen der Nobelpreis angekündigt wurde, wird in ◆ Abbildung 5.5 gezeigt.

Während am Heidelberger Institut für Theoretische Physik die Arbeiten zur Struktur der Atomkerne weiterliefen und Untersuchungen von

Kernreaktionen immer größeren Raum einnahmen, wandte sich Jensen mit seinem Assistenten Berthold Stech den β-Zerfällen der Atomkerne zu. Mit diesen Untersuchungen wurde am Institut für Theoretische Physik eine neue Forschungsrichtung begonnen, die Physik der Elementarteilchen, über die im Kapitel 7 berichtet wird.

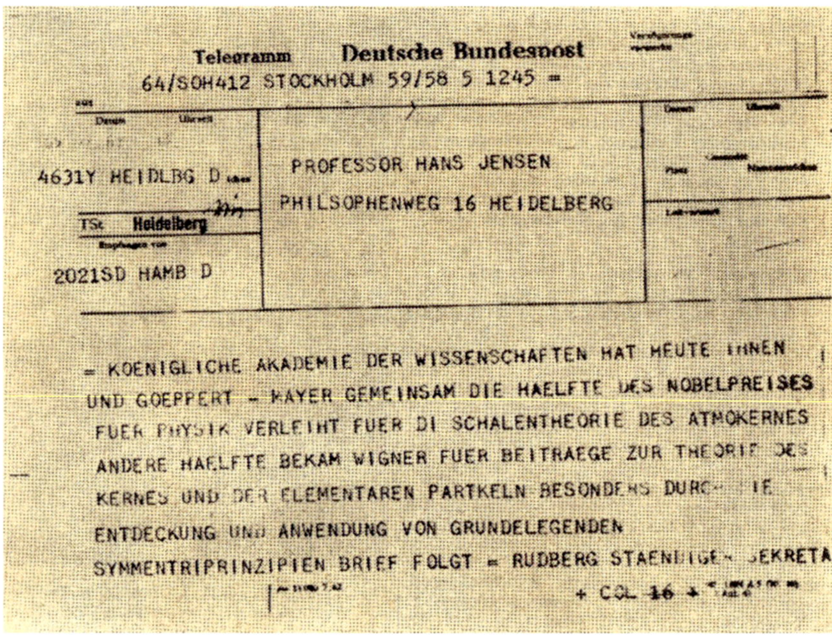
Telegramm Deutsche Bundespost
64/SOH412 STOCKHOLM 59/58 5 1245 =
4631Y HEIDLBG D
TSt Heidelberg
2021SD HAMB D
PROFESSOR HANS JENSEN
PHILSOPHENWEG 16 HEIDELBERG
= KOENIGLICHE AKADEMIE DER WISSENSCHAFTEN HAT HEUTE IHNEN
UND GOEPPERT - MAYER GEMEINSAM DIE HAELFTE DES NOBELPREISES
FUER PHYSIK VERLEIHT FUER DI SCHALENTHEORIE DES ATMOKERNES
ANDERE HAELFTE BEKAM WIGNER FUER BEITRAEGE ZUR THEORIE DES
KERNES UND DER ELEMENTAREN PARTKELN BESONDERS DURCH DIE
ENTDECKUNG UND ANWENDUNG VON GRUNDELEGENDEN
SYMMENTRIPRINZIPIEN BRIEF FOLGT = RUDBERG STAENDIGER SEKRETA
+ COL 16 +

»Königliche Akademie der Wissenschaften hat heute ihnen und Goeppert-Mayer gemeinsam die Hälfte des Nobelpreises für Physik verleiht für die Schalentheorie des Atomkernes. Andere Hälfte bekam Wigner für Beiträge zur Theorie des Kernes und der elementaren Partikel besonders durch die Entdeckung und Anwendung von grundlegenden Symmetrieprinzipien. Brief folgt – Rudberg Staendige[r] Sekreta[er].«

Abbildung 5.5 Telegramm, das Jensen 1963 den Nobelpreis ankündigte.

Otto Haxel und das II. Physikalische Institut

Im Jahr 1950 wurde Otto Haxel auf einen neu geschaffenen Lehrstuhl für Experimentalphysik berufen. Da damals jeder Ordinarius sein eigenes Institut haben musste, wurde das Physikalische Institut in das I. und das II. Physikalische Institut geteilt, wobei Bothe das erste und Haxel das zweite übernahm. Die Trennung bezog sich nicht nur auf den Etat, sondern auch auf die Werkstätten und die Lehre. Zum Beispiel war Haxel für die große Experimentalvorlesung verantwortlich, während das Bothesche Institut die Praktika für die Physiker, die Naturwissenschaftler und Mediziner betreute. Die Aufspaltung in zwei Teilinstitute endete erst im Jahr 1975.

Otto Haxel (1909–1998) wurde in Tübingen im Jahr 1933 bei Hans Geiger, dem Begründer der experimentellen kernphysikalischen Forschung in Deutschland, mit einer Arbeit über die Kernumwandlung von Aluminium unter dem Beschuss von Alphateilchen promoviert. Nach dem Krieg arbeitete er im Max-Planck-Institut für Physik in Göttingen, dessen Direktor Werner Heisenberg war. Dort beschäftigte sich Haxel insbesondere mit den magischen Zahlen, die auf eine Schalenstruktur der Atomkerne hinwiesen, für die er aber keine Erklärung hatte. Auf welchen Umwegen es endlich doch zu einer Lösung kam, erzählt Haxel in seinen Erinnerungen so interessant, dass es hier wiedergegeben werden soll.

> »Anlässlich eines Gesprächs mit Heisenberg wollte ich diese Frage diskutieren. Schon nach den ersten Sätzen, in denen ich Heisenberg die experimentellen Befunde aufzeigen wollte, die nach meiner Meinung für einen Schalenaufbau der Kerne sprechen, erkannte ich, dass ich Heisenberg nichts ihm Unbekanntes zu bieten hatte. Erheitert über meine Verblüffung sagte er lachend, wenn wir jetzt über dieses Problem weitersprechen würden, werde er wortbrüchig, denn er habe sich geschworen, darüber keine Minute mehr nachzudenken, da er viele Hunderte von Stunden damit erfolglos vergeudet habe. (...) So charmant und lachend wie mich Heisenberg abwimmelte, ebenso barsch und knurrig ließ mich Jensen abfahren, als ich ihm meine Überlegungen nahebringen wollte. Ich interessiere mich nur für Physik, nicht für Magie, das war seine Einstellung. Zum Glück war Hans Suess zugegen, der begeistert auf meine Schalenvorstellungen einging, denn sie passten

> bestens zu seinen Überlegungen über die Häufigkeitsverteilung der Elemente. Er konnte Jensen überzeugen, dass hinter der Magie Physik stecken müsse. (…) Bei einem seiner nächsten Besuche kam er [Jensen] strahlend auf mich zu und sagte, er habe des Rätsels Lösung.« (Haxel 2017, S. 89 f)

Auch wenn die entscheidende Publikation die Namen von Haxel, Jensen und Suess als Autoren trug, erhielt nur Jensen den Nobelpreis; die anderen beiden gingen leer aus. Darüber war Haxel sicherlich tief enttäuscht. Da auch Jensen darin eine große Ungerechtigkeit sah, vermachte er in seinem Testament seinem Kollegen Haxel die Goldmedaille, die mit dem Nobelpreis verbunden ist.

In Heidelberg führte Haxel seine kernphysikalischen Forschungen fort (Kopfermann 1960). Dazu gehörten die Untersuchung der atmosphärischen Radioaktivität und der Aufbau eines ^{14}C-Laboratoriums für radioaktive Altersbestimmung. Aus diesen Aktivitäten entwickelte sich unter anderem das Institut für Umweltphysik, das erste seiner Art in Deutschland. Neben diesen zweckgebundenen Anwendungen der Kernphysik wurde auch die reine Kernphysik in verschiedenen Richtungen gepflegt: Untersuchungen zur Polarisation der Elektronen beim β-Zerfall, (γ,α) und (γ,β) Koinzidenzmessungen und Lebensdauermessungen angeregter Kernniveaus. In den sechziger und siebziger Jahren experimentierten Gruppen aus dem II. Physikalischen Institut auch an den Beschleunigern des Heidelberger MPIs für Kernphysik und an dem Isochron-Zyklotron des Kernforschungszentrums Karlsruhe. Von den vielen Schülern Haxels sei hier nur Joachim Heintze genannt, der 1953 bei ihm promovierte hatte und später, 1964, sein Kollege wurde.

Haxel war ein entschiedener Verfechter der friedlichen Nutzung der Kernenergie. Er war Mitglied der Deutschen Atomkommission und treibende Kraft bei der Gründung des Kernforschungszentrums Karlsruhe. Von 1970 bis 1975 war er dessen wissenschaftlich-technischer Geschäftsführer.

Noch bis kurz vor seinem Tod im Alter von 88 Jahren besuchte Haxel regelmäßig das Physikalische Kolloquium – immer am gleichen Platz in der ersten Reihe. »Seine Kommentare und seine klugen Fragen zeugten von einem tiefen Verständnis der Physik, aber auch von warmer Menschlichkeit und Freundlichkeit den jüngeren Kollegen gegenüber.«, heißt es in Heintzes Nachruf (Heintze 1998). Bei dem ersten Kolloquium nach Haxels Tod lag eine weiße Rose auf seinem Stammplatz.

Hans Kopfermann, Bothes Nachfolger

Nachdem Bothe 1953 wieder ins Max-Planck-Institut zurückgekehrt war, wurde Hans Kopfermann (1895–1963) sein Nachfolger. Kopfermann kam aus der Atomphysik, in die er während seiner Promotion bei James Franck (1882–1964) in Göttingen eingeführt worden war. Ihn interessierten allerdings nicht die Atomspektren als solche, sondern er untersuchte ihre Hyperfeinstruktur, um daraus Werte für die magnetischen Dipolmomente und elektrischen Quadrupolmomente der Kerngrundzustände abzuleiten. Dabei wurden zwei Methoden angewandt. Bei der ersten wurden die Energien der atomaren Hyperfeinzustände mit interferometrischen Methoden aus den optischen Spektren ermittelt. Bei der zweiten wurden Übergänge zwischen Hyperfeinzuständen angeregter Atome mit Hilfe eingestrahlter Hochfrequenz induziert und nachgewiesen. Schon im Jahr 1940, damals noch in Göttingen, legte er sein profundes Wissen in einer Monographie mit dem Titel *Kernmomente* dar. Die zweite Auflage, die 1956 mit fast doppelt so vielen Seiten erschien, wurde auch ins Englische übersetzt. Seine Untersuchungen setzte Kopfermann in Heidelberg fort (Kopfermann 1960).

Bei seinen Berufungsverhandlungen für Heidelberg hatte Kopfermann auch erreicht, dass ein Betatron, eine »Elektronenschleuder«, mit 35 MeV-Elektronen, angeschafft werden konnte. Peter Brix (1918–2007), der in Göttingen bei Kopfermann Assistent gewesen war, wurde in Heidelberg Leiter der »Schleudergruppe«, in der hauptsächlich der Kernphotoeffekt, d. h. Kernreaktionen mit energiereicher γ–Strahlung, studiert wurden. Über seine Zeit mit Kopfermann in Göttingen und Heidelberg erzählt Brix in seinen Erinnerungen (Brix 2017) viele interessante Details. Brix folgte einem Ruf auf eine Professur an der Technischen Hochschule Darmstadt und kam 1972 als Nachfolger Gentners an das MPI für Kernphysik nach Heidelberg zurück.

Kopfermann kümmerte sich in vorbildlicher Weise um seine Schüler. Einer von ihnen, der spätere Nobelpreisträger Wolfgang Paul, sprach darüber in seinem Nachruf auf Kopfermann bei der Jahrestagung der Deutschen Physikalischen Gesellschaft in Hamburg im Jahr 1963:

> »Es mag vielleicht übertrieben klingen, wenn ich sage, dass ich mir keinen besseren Lehrer für junge Wissenschaftler denken kann, als Kopfermann es war. Die Ausbildung bei ihm war universell. Da er früher beim Vortragen gehemmt war, legte er großen Wert

darauf, dass seine Schüler es lernten. Mir selbst fiel es schwer, so hatte ich in einem Semester sechs Vorträge zu halten, um am Ende des letzten freundlich lobend zu hören: ›Heute war es zum ersten Mal nicht quälend‹. Seinen Mitmenschen gegenüber lebte er uns die Forderung Schillers vor: Anderen Freiheit lassen, selbst Freiheit zeigen. Dies galt sowohl in der privaten Sphäre, als auch für ihn als Staatsbürger im Politischen.« (Schlüpmann 1963)

Wie Paul erwähnte, war Kopfermann ein Hochschullehrer, der sich auch seiner politisch-gesellschaftlichen Verantwortung bewusst war und sich, wenn nötig, auch zu Wort meldete. Zum Beispiel bezog er im Rahmen des »Münchener Religionsgesprächs« im Jahr 1940 klar gegen Lenards *Deutsche Physik* Stellung (Beyerchen 1980, S. 238 ff). Er schwieg auch nicht, als im Jahr 1957 der damalige Kanzler Konrad Adenauer und sein Verteidigungsminister Franz Josef Strauß die Absicht äußerten, die Bundeswehr mit taktischen Atomwaffen aufzurüsten. Damals gehörten Kopfermann und sein Kollege Haxel zu den prominenten Atomforschern, den »Göttinger Achtzehn«, die ein Manifest veröffentlichten, worin sie sich gegen die atomare Bewaffnung der Bundeswehr aussprachen und eine eigene Mitwirkung an dem Bau von Atomwaffen ablehnten.

Haxel und Strauß kannten sich aus verschiedenen Arbeitskreisen und schätzten einander. Am Tag nach der Veröffentlichung des Manifestes erhielt Haxel einen Anruf von Strauß. Danach »wirkte [Haxel] etwas mitgenommen; das Gespräch muss wohl sehr temperamentvoll verlaufen sein«, erinnert sich Heintze, der kurz nach dem Anruf in Haxels Zimmer gekommen war (Heintze 1999).

Auch Wolfgang Gentner, der Bothes Nachfolger am Max-Planck-Institut wurde, gehörte damals zu den einflussreichen Atomforschern in Deutschland. Obwohl auch er eine nukleare Aufrüstung der Bundeswehr ablehnte, unterschrieb er das Manifest nicht. Nach seiner Erfahrung kam man mit stiller Diplomatie weiter und deshalb hielt er eine öffentliche Aktion wie diese eher für schädlich, insbesondere für die weitere großzügige finanzielle Förderung der kernphysikalischen Forschung. Man »solle doch nicht die Hand beißen, die einen füttert«, pflegte er zu sagen (Hoffmann et al. 2006, S. 38).

Zum Abschluss dieses Abschnittes über die Physikalischen Institute sollen noch die Studierenden zu Wort kommen. Wie fühlten sich die jungen Diplomanden, Doktoranden und Assistenten im Institut? Über ihr Leben

ABBILDUNG 5.6 Fasching im Physikalischen Institut im Jahr 1959. Hans Kopfermann rechts vorne mit der Pappnase und auf der linken Seite Berthold Stech (unter dem Chinesenhut) mit seiner Frau.

im Institut und über die Faschingsfeiern, von denen ◆ ABBILDUNG 5.6 einen Eindruck gibt, berichtet Gisbert zu Putlitz, der bei Kopfermann seine Diplom- und Doktorarbeit gemacht hatte, im Rückblick:

> »Wir haben uns alle stets kollegial geholfen und unterstützt. Es war eine sehr, sehr gute Institutsatmosphäre, man lebte ja eigentlich im Institut. Unsere Studentenbuden waren unkomfortabel und ungeheizt, deswegen war man normalerweise relativ früh im Institut und blieb bis nach Mitternacht. Überall gab es Kochgelegenheiten, und wenn man mal nichts zum Essen hatte, dann fragte man beim Kollegen nach. Wir hatten einen recht engen Zusammenhalt, und entsprechend war auch die Gesamtatmosphäre.
>
> Wir haben großartige Feste gefeiert hier unten auf dem Institutsrasen, und ich bin der Meinung, es war eine besondere Eigenschaft dieses Instituts, dass so viel gefeiert wurde. Es ging turbulent zu.

Bei einem der Faschingsfeste, die immer in den Praktikumsräumen stattfanden, brannte die Würstchenbude, und wir haben sie dann einfach aus dem Fenster auf den Hof geworfen. Autos gab es damals noch nicht, insofern war der Hof frei, aber die Nachbarn haben sich aufgeregt, und es ging dann über die Polizei und Rektorat wer weiß wohin, und uns wurden die Faschingsfeste verboten Wir haben das dann dadurch gelöst, dass wir Geburtstagsfeste ansetzten zur Faschingszeit. Die Faschingsfeste gingen am Freitag los und waren am Faschingsdienstag um Mitternacht zu Ende. In dieser Zeit konnte man zu jeder Tages- und Nachtzeit irgendjemanden an der Bar treffen, man war immer bestens unterhalten.« (Putlitz 2018, S. 108)

Wolfgang Gentner und das Max-Planck-Institut für Kernphysik

Nach langer, schwerer Krankheit starb Bothe im Jahr 1957. Über seinen Nachfolger als Direktor der Abteilung Physik am MPI für Medizinische Forschung war man sich sehr schnell einig: Wolfgang Gentner. Aber dieser wollte nicht die Bothesche Abteilung übernehmen, sondern forderte die Gründung eines eigenständigen Instituts für Kernphysik. Nach seinen Vorstellungen sollten dort Kerne mithilfe von leitungsfähigen Beschleunigern untersucht werden. Denn Gentner, der einen Lehrstuhl in Freiburg innehatte, war auch am Aufbau des Großforschungszentrums CERN in Genf beteiligt gewesen und hatte dort gelernt, dass Beschleuniger für Fortschritte in der Physik der Atomkerne und Elementarteilchen unerlässlich waren. Heidelberg erschien Gentner als idealer Ort für ein Max-Planck-Institut für Kernphysik, auch – wie er immer wieder betonte – weil dort Jensen, Haxel und Kopfermann wirkten und er eine fruchtbare wissenschaftliche Zusammenarbeit mit ihnen erhoffte. Die Festschrift zu Gentners 100. Geburtstag enthält viel über dessen Leben und wissenschaftliche Leistungen (Hoffmann et al. 2006).

Im Jahr 1958 wurde Gentner zum Direktor des neu zu gründenden Instituts ernannt, und schon drei Jahre später konnte der

ABBILDUNG 5.7 Wolfgang Gentner, Direktor des Max-Planck-Instituts für Kernphysik von 1958 bis 1972 und persönlicher Ordinarius an der Universität Heidelberg.

EN-Tandem-Beschleuniger mit 6 MeV am Hochspannungsterminal in Betrieb genommen werden. Das Gelände für das Institut wurde von der Stadt unentgeltlich zur Verfügung gestellt, der Beschleuniger kostete etwa 5 Millionen DM. Das war eine Summe, die für ein Universitätsinstitut undenkbar war. Aber auch für die Max-Planck-Gesellschaft war eine solche Summe nicht alltäglich, weswegen Otto Hahn, ihr damaliger Präsident, manchmal von Gentner als seinem »teuersten Freund« sprach. Ein weiterer Beschleuniger, der Emperor-Tandem mit 10 MV Hochspannung, wurde wenige Jahre später bestellt. Die hervorragende Infrastruktur des

Max-Planck-Instituts zusammen mit den vielen engagierten Wissenschaftlern und der hervorragenden Zusammenarbeit mit der Universität, über die noch ausführlicher zu berichten sein wird, machten Heidelberg bald zu einem Zentrum der Kernphysik in Deutschland, das auch viele Gäste aus dem Ausland anzog.

Gentner wurde zum persönlichen Ordinarius an der Universität Heidelberg ernannt (◆ Abbildung 5.7). Damit hatte er alle Rechte eines Lehrstuhlinhabers: Er durfte Vorlesungen halten, Prüfungen abnehmen und an den Sitzungen des Fakultätsrates teilnehmen. Aber da er kein Gehalt von der Universität bezog, musste er keine dieser Aufgaben übernehmen. Dennoch machte er häufig von seinen Rechten Gebrauch, wovon er und die Fakultät gleichermaßen profitierten.

Gentner selbst experimentierte nicht an den Beschleunigern des von ihm geleiteten Instituts, aber er blieb der Kernphysik treu, indem er Methoden der Kernphysik zur Lösung von Problemen der Kosmochemie, der Geologie und der Archäometrie nutzte. In der Abteilung Kosmochemie wurden z. B. Meteoriten und von der Apollomission mitgebrachtes Mondgestein auf ihr Alter, ihre chemische und isotopische Zusammensetzung untersucht. Die von Gentner gebaute Brücke zwischen der Kernphysik und der Astrophysik erwies sich als außerordentlich zukunftsträchtig.

Gentner war ein Meister des Gesprächs. In einer Rede vor der Akademie der Wissenschaften formulierte er einmal seine Überzeugung wie folgt:

> »Das Lebenselixier jeder Akademie sind die Gespräche zwischen Fachgenossen der verschiedenen Richtungen. Nur Gespräche können uns heute im Zeitalter der Sintflut aus Papier und Druckerschwärze vor Einseitigkeit und Spezialistentum retten. Diese Gespräche müssen in kleinem Kreis und oft hinter verschlossener Tür stattfinden, damit sie die nötige Ruhe und damit die nötige Tiefe finden.« (Hoffmann et al. 2006, S. 51)

Für ihn galt das nicht nur für den akademischen Bereich. Auf Gespräche setzte er auch bei der Lösung eines Problems, das ihm sehr am Herzen lag: der Aussöhnung zwischen Deutschen und Juden. Nach dem Holocaust herrschte im Nachkriegsdeutschland zunächst Schweigen. Juden wollten nicht mit Deutschen reden, und Deutsche trauten sich nicht, auf Juden zuzugehen. Um die Mauer des Schweigens abzubauen, bedurfte es einfühlsamer Gespräche. Gentner begann sie auf ganz privater Ebene. Bei

Spaziergängen in der Region des Kaiserstuhls bei Freiburg besprachen er und der israelische Biochemiker Gerhard Schmidt vom Weizmann-Institut für Wissenschaften, ob und in welcher Form eine Zusammenarbeit zwischen jungen Wissenschaftlern zur Aussöhnung zwischen Deutschen und Juden beitragen könne (Nickel 1989; Hoffmann 2015; Deichmann 2015). Diplomatische Beziehungen zwischen Israel und Deutschland gab es damals noch nicht. Ab 1957 beteiligte sich auch Amos de-Shalit, ein theoretischer Physiker des Weizmann-Instituts, an den Gesprächen. Aber die Angelegenheit war politisch viel zu heikel, als dass sie alleine von Wissenschaftlern gelöst werden konnte. Viele Instanzen der Politik, selbst Kanzler Konrad Adenauer und Premierminister David Ben Gurion, wurden eingebunden. Eines der Ergebnisse war die Auflage eines Stipendien Programms, des »Minerva-Programms«, das jungen Deutschen erlauben sollte, einige Zeit in Israel zu forschen, und umgekehrt jungen Israelis die Möglichkeit eröffnen sollte, an einem deutschen Forschungsinstitut zu arbeiten. Über dessen Umsetzung wird im Kapitel 6 berichtet.

Hans Kienle und die Landessternwarte

An der Landessternwarte, dem traditionellen Standort der Heidelberger Astronomie, sah es nach dem Zweiten Weltkrieg traurig aus. Mit drastischen Worten beschrieb Hans Kienle (1895–1975) die Situation, als er im Jahr 1950 die Leitung übernahm:

> »Ein auf dem Stand von 1932 (bei Max Wolfs Tod) stehen gebliebenes, schlecht gepflegtes Museum und eher eine Sozialversorgungsanstalt für beschäftigungslose Beamte und Angestellte als ein produktives Forschungsinstitut.« (Appenzeller 2017, S. 16)

Kienle, der bis dahin das Astrophysikalische Observatorium Potsdam geleitet hatte, beließ es nicht beim Klagen, sondern machte sich an die Arbeit (◆ Abbildung 5.8). Sein wissenschaftliches Interesse galt nicht der Beobachtung von Sternpositionen, da die Zahl der brauchbaren Beobachtungsnächte zu klein war, sondern er setzte seine in Potsdam begonnenen Arbeiten zur astrophysikalischen Grundlagenforschung fort. Mithilfe einer Stiftung des Heidelberger Kunstmalers Karl Happel errichtete er das

Abbildung 5.8 Hans Kienle, von 1950 bis 1962 Professor für Astronomie an der Universität und Leiter der Landessternwarte.

Happel-Laboratorium für Strahlungsmessungen. Dort wurden exakte Vergleichslichtquellen für Gestirne geschaffen, mit deren Hilfe unter anderem der Energiefluss der Sonne mit bisher dahin unerreichter Genauigkeit gemessen werden konnte. Diese und andere Präzisionsarbeiten machten die Landessternwarte wieder international bekannt. Er wurde vielfach geehrt, unter anderem durch die Verleihung des Ordens Pour le Mérite der Wissenschaften und Künste. Nach seiner Emeritierung im Jahr 1962 folgte er einer Einladung früherer Schüler in die Türkei, um in Izmir an der Errichtung einer neuen Sternwarte mitzuwirken.

Das Astronomische Rechen-Institut

Nach dem Ende des Krieges erhielt die Astronomie in Heidelberg eine unerwartete Verstärkung. Zu der schon bestehenden Landessternwarte wurde das Astronomische Rechen-Institut (ARI) nach Heidelberg verlegt. Dieses Institut war im Jahr 1700 in Berlin gegründet worden (Wielen 2000). Seine Aufgabe bestand darin, astronomische Daten für Kalender zu berechnen, z. B. die Auf- und Untergänge von Sonne und Mond. Später übernahm das Institut auch die Berechnung und Veröffentlichung der Ephemeriden, d. h. der täglichen Positionswerte sich bewegender astronomischer Objekte. Diese Daten waren unter anderem für die Bestimmung der Position bei der Seefahrt wichtig, weswegen das Berliner Institut auch im Jahr 1944 der Kriegsmarine unterstellt worden war. Aus demselben Grund wollten auch die Amerikaner nach dem Krieg verhindern, dass das ARI in die Hände der Sowjets fiel, weswegen ein Großteil des Instituts nach Heidelberg transferiert wurde. An der Entscheidung über den neuen Standort war vermutlich auch der damalige Direktor des Instituts, August Kopff (1882–1960), beteiligt, der aus Heidelberg stammte und Max Wolfs Schüler war.

In Heidelberg angekommen wurde das ARI ein staatliches Forschungsinstitut des Landes Baden-Württemberg. Kopff blieb sein Direktor, wurde Ordinarius an der Universität und übernahm bis 1950 zusätzlich die kommissarische Leitung der Landessternwarte. Nach seiner Pensionierung im Jahr 1955 leitete Walter Fricke (1915–1988) das Institut bis 1985. In seine Zeit fiel auch der Übergang von einem Service-Institut zu einer Einrichtung der astronomischen Grundlagenforschung. Darüber wird im Kapitel 7 berichtet.

6.

Expansion der Universitäten und Beginn der Großforschung (1960–2000)

Ende der fünfziger Jahre begann sich die Universitätslandschaft in Deutschland dramatisch zu verändern. Immer mehr Studierende drängten an die Hochschulen. Auch die Heidelberger Physik war von den Veränderungen betroffen: Nicht nur die Zahl der Studierenden, sondern auch die der Professoren wuchs gewaltig, neue Institute wurden gegründet und das Spektrum der Forschung wesentlich erweitert. Viele der Professoren, die diese Veränderungen in der Fakultät mitgestaltet haben, sind um das Jahr 2000 in den Ruhestand gegangen, weshalb wir die Jahrhundertwende als Ende der zweiten Nachkriegsperiode gewählt haben. Die Ereignisse, die die *ganze* Fakultät betreffen, werden in diesem sechsten Kapitel beschrieben, während das Geschehen in den *einzelnen* Instituten Inhalt des folgenden, siebten Kapitels sind.

Personelle Expansion

Im ersten Jahrzehnt nach Kriegsende war es in der Bundesrepublik vorrangig darum gegangen, das während des Kriegs Zerstörte wiederaufzubauen, wobei man sich an dem Vorkriegszustand orientierte. Das galt auch für das Bildungswesen. Gegen Ende der fünfziger Jahre aber wurde klar, dass die Zahl der gut ausgebildeten Menschen für eine moderne Gesellschaft und Wirtschaft, wie man sie anstrebte, völlig ungenügend war. Der Heidelberger Altphilologe und Pädagoge Georg Picht sprach sogar von einer »Bildungskatastrophe« und drängte die Politik zum Handeln (Picht 1964). Der Appell wurde gehört. Die Gesamtzahl der Studierenden in der Bundesrepublik wuchs von 120.000 im Jahr 1960 auf 840.000 im Jahr 1975, wobei die bestehenden Hochschulen ausgebaut und neue gegründet wurden (Korte 2009, S. 49 f).

Besonders in den Natur- und Ingenieurwissenschaften war der Bedarf an qualifizierten Absolventen hoch. Entsprechend stieg in diesen Fächern die Zahl der Studierenden besonders stark. Für die Heidelberger Physik zeigt Tabelle 6 die Entwicklung. Von 1960 bis 1990 stieg die Zahl der Studierenden etwa um einen Faktor vier und sank dann – wegen schlechter Berufsaussichten – vorübergehend um etwa ein Drittel. Bei der Aufteilung nach den angestrebten Abschlüssen (die für das Wintersemester 60/61 nicht aufzufinden waren) fällt besonders die rasante Zunahme der Doktoranden auf, worauf wir noch zurückkommen.

Auch die Zahl der Lehrkräfte, Lehrstuhlinhaber und Professoren anderer Besoldungsstufen nahm dramatisch zu, wie Tabelle 6 zeigt. Neue Lehrstühle wurden besonders in der Zeit von 1960 bis zur Mitte der siebziger Jahre geschaffen. Zu jedem Lehrstuhl gehören Assistentenstellen und Sachmittel, weswegen ihre Einrichtung für das Ministerium teuer war. Dagegen entstanden die Professuren der anderen Besoldungsstufen meist durch Umwandlung von Assistentenstellen und waren für das Ministerium »billig«, weil nur die Differenz in den Gehaltstufen, aber keine zusätzlichen Personal- und Sachmittel anfielen. Die Zahlen der Tabelle 6 betreffen die hauptamtlichen Professoren aller Gehaltsstufen, aber nicht die persönlichen Ordinarien, die Honorarprofessoren und außerplanmäßigen Professoren.

Tabelle 6 Die zeitliche Entwicklung der Zahl der Studierenden mit Hauptfach Physik und der hauptamtlichen Professoren der Fakultät für Physik und Astronomie (Schultz-Coulon 2017). Der mit einem Stern markierte Wert bezieht sich auf das Wintersemester 63/64.

Wintersemester	60/61	70/71	80/81	90/91	00/01
Studierende insgesamt	423*	623	1101	1838	1198
Abschluss Diplom		444	733	1446	845
Abschluss Lehramt		150	177	162	119
Abschluss Promotion		27	189	216	222
Professoren insgesamt	7	17	41	45	39
davon Lehrstühle	7	16	18	21	20

Die dramatischen Veränderungen in den Zahlen der Studierenden und Professoren führten notgedrungen auch zu Anpassungen in der Organisation der Universität. Für Heidelberg wurden diese in der 1969 erlassenen Grundordnung festgelegt. Darin wurden die seit 1890 bestehenden fünf Fakultäten – Theologie, Jura, Medizin, Philosophie und die naturwissenschaftlich-mathematische Fakultät – in sechzehn neue aufgeteilt. Allein aus der naturwissenschaftlich-mathematischen Fakultät entstanden sechs neue Fakultäten: Mathematik, Chemie, Pharmazie, Biologie, Geowissenschaften und die Fakultät für Physik und Astronomie. Zwar wurde die naturwissenschaftlich-mathematische Gesamtfakultät nicht vollständig abgeschafft, aber ihre Aufgaben wurden stark reduziert. Weiterhin führt sie die Promotionsverfahren für den Dr. rer. nat. durch.

Lehre unter neuen Bedingungen

Die Probleme der universitären Expansion lagen nicht nur in der Bewältigung materieller Probleme wie z.B. der Zahl und Größe der Hörsäle, sondern auch – und ganz besonders – in der intellektuellen Herausforderung, das Niveau in Forschung und Lehre zu halten, ja vielleicht sogar zu verbessern. In der Heidelberger Physik wurde die Expansion weitgehend als Chance gesehen. Mit der Zunahme in der Zahl der Professoren konnte das Spektrum der Forschungsthemen erweitert werden, wovon auch die Lehre profitierte. Weiterhin ist es in der Physik üblich, dass die Studierenden mit ihren Abschlussarbeiten – Diplom/Master und Promotion – in die aktuelle Forschung eingebunden werden und mit ihrer Arbeitskraft wesentlich zu deren Gelingen beitragen. Ohne die dramatische Erhöhung in der Zahl der Studierenden wären viele Neuentwicklungen an der Fakultät nicht möglich gewesen. Wenn im Jahr 2017 verschiedene internationale Rankings die Heidelberger Fakultät unter den fünfzig weltweit besten Physikfakultäten (und in Deutschland in der Spitzengruppe mit den beiden Münchner Fakultäten) aufführten, dann ist das ein Verdienst der vielen neuberufenen Professoren und der Studierenden.

Gemessen an der Zahl der jährlichen Abschlüsse – Diplom und Promotion – ist die Heidelberger Fakultät die größte in Deutschland. Für die Grundausbildung ist Größe kein Vorteil, weil der direkte Kontakt zwischen Studierenden und Professoren schwächer wird oder gar nicht existiert. Dagegen profitieren die höheren Semester von der Breite der in Spezialvorlesungen angebotenen Themen und ganz besonders bei den Abschlussarbeiten, wo die Betreuung im Allgemeinen sehr intensiv ist.

Die Grundausbildung beginnt mit der Anfängervorlesung in Experimentalphysik. Mit seiner anschaulichen und lebendigen Vorlesung, in der viele Experimente vorgeführt wurden und die er anfangs für alle Naturwissenschaftler und Mediziner gemeinsam hielt, hatte Haxel über Jahrzehnte die Studierenden begeistert. Später übernahmen auch andere diese Aufgabe. Heintze hat diese Vorlesung über viele Jahre gerne und mit großem Engagement gehalten und sich viele neue Demonstrationsversuche ausgedacht, darunter den berühmten »Löwenschuss«[13]. Die Experimente für die jeweilige Vorlesung wurden aufwendig vorbereitet. Das war die Aufgabe der Vorlesungsassistenten, die häufig auch die Versuche

13 Bei diesem Versuch zielt ein Pfeil, der auf einem gespannten Bogen liegt, auf einen in der Höhe hängenden Stofflöwen. In dem Augenblick, in dem der Pfeil losfliegt, wird der Löwe fallengelassen. Entgegen der naiven Erwartung entkommt der Löwe dem Pfeil nicht, sondern er wird während des Falls getroffen, weil unter der Wirkung der Schwerkraft alle Körper (der Löwe wie der fliegende Pfeil) gleich schnell fallen. Das soll mit dem Versuch gezeigt werden.

während der Vorlesung vorführten. Zur Zeit Haxels war das Robert Grünenwald und danach (ab 1979) Hans-Georg Siebig.

Da Heintze mit den üblichen Lehrbüchern unzufrieden war, entschloss er sich, selbst ein Lehrbuch zur Experimentalphysik zu schreiben. Mit diesem Werk beschäftigte er sich bis zu seinem Tod. Peter Bock, Heintzes Schüler und späterer Kollege, übernahm es, das Manuskript zu überarbeiten und in vier Bänden herauszugeben (Heintze 2014–2018).

Das Buch der Natur ist in der Sprache der Mathematik geschrieben, hatte schon Galilei gewusst. Für die Erstsemester der Physik ist diese Erkenntnis oft mit einem Schock verbunden, dem »Matheschock«. Denn die Schulmathematik, die sie mitbringen, reicht häufig nicht aus oder wurde teilweise vergessen, so dass schon in den ersten Tagen des Physikstudiums Probleme auftreten. Um diese zu mindern, führte die Fakultät im Wintersemester 1983/84 einen »Mathematischen Vorkurs« ein, der den Erstsemestern als Blockkurs über zwei Wochen vor Semesterbeginn angeboten wird. Darin wird die Schulmathematik aufgefrischt und die für die Anfängerphysik wichtigen Operationen werden geübt, ohne dass den Vorlesungen der Mathematik vorgegriffen wird. Aus diesem sehr erfolgreichen Kurs ist durch die Arbeit von Klaus Hefft, der am Institut für Theoretische Physik Akademischer Direktor war, ein MOOC (Massive Open Online Course) geworden, der in den Sprachen Deutsch, Englisch, Spanisch und Russisch im Netz frei zugänglich ist und weltweit rege genutzt wird (Hefft 2001).

Natürlich ist es mit den Anfängervorlesungen nicht getan. Im Laufe des Studiums folgen weitere Kurs- und Spezialvorlesungen, dazu Praktika und Seminare. Um einen Eindruck zu geben, welchen Umfang die Lehre an der Heidelberger Physik inzwischen angenommen hat, werden in Tabelle 7 die Zahlen für das Wintersemester 2000/2001 angegeben (Strukturplan 2001). Ihre Organisation, insbesondere die Suche nach geeigneten Hörsälen und Übungsräumen, war jedes Mal eine Herausforderung.

Tabelle 7 Übersicht über die Lehrveranstaltungen im Wintersemester 2000/2001.

Lehrveranstaltungen	Anzahl
Kursvorlesungen	10
Übungsgruppen	36
Praktika	9
Seminare für mittlere Semester	16
Spezialvorlesungen	32
Forschungsgruppenseminare	49
Allgeneine Veranstaltungen (z. B. Kolloquium)	10
Veranstaltungen im Lehrexport (darunter 8 Praktika)	11

Diplom- und Doktorarbeiten

Die Themen, die in der Heidelberger Physik für die Diplom- oder Doktorarbeit angeboten wurden, waren so interessant und breit gefächert, dass sich viele Studierende für eine Abschlussarbeit in Heidelberg entschieden, oft erst, nachdem sie an einer anderen Universität das Grundstudium absolviert hatten. Die Breite resultierte dabei nicht nur aus den Forschungsarbeiten in den Fakultätsinstituten, sondern mindestens genauso stark aus dem der Nachbardisziplinen wie der Chemie, den Lebenswissenschaften (Biologie und Medizin) und der Informatik. Denn für diese Fächer hat die Physik mit ihren Mess- und Arbeitsmethoden zunehmend an Bedeutung gewonnen.

Schon in den sechziger Jahren beteiligten sich auch die Dozenten des Max-Planck-Instituts für Kernphysik an der Grundausbildung und der Anleitung bei Diplom- und Doktorarbeiten, aber auch mit Spezialvorlesungen. Diese erprobte Art der Zusammenarbeit wurde später auch auf andere wissenschaftliche Einrichtungen ausgeweitet wie z. B. auf Fakultätsinstitute der Chemie, Biologie, der Technischen Informatik in Mannheim und außeruniversitäre Institute wie das EMBL (European Molecular Biology Laboratory), das DKFZ (Deutsches Krebsforschungszentrum) und das Max-Planck-Institut für medizinische Forschung. In zunehmendem Maße arbeiteten Physiker als Gruppenleiter an diesen Instituten und suchten die Nähe zur Fakultät für Physik als Dozenten, kooptierte Hochschullehrer oder persönliche Ordinarien.

Für das Jahr 2010 zeigt ◆Abbildung 6.1 die Verteilung der Doktoranden der Physik auf die verschiedenen wissenschaftlichen Einrichtungen Heidelbergs (Horner 2011). Nur 45 % aller Doktoranden arbeiten in Einrichtungen der Fakultät für Physik und Astronomie. An anderen Instituten der Universität, insbesondere in der physikalischen Chemie und dem Interdisziplinären Zentrum für Wissenschaftliches Rechnen (IWR), machen rund 13 % ihre Arbeit. Allein 30 % aller Doktorarbeiten werden an den beiden Max-Planck-Instituten für Kernphysik und für Astronomie und 8 % am Deutschen Krebsforschungszentrum ausgeführt. Diese – übrigens reibungslos funktionierende – »Lasten«-Teilung zwischen der Fakultät und außeruniversitären Einrichtungen ist ein Erfolgsmodell der Heidelberger Physik.

Dramatische Engpässe bei Hörsälen und Laboren

Schon im Jahr 1960 verfassten die Professoren der Physik ein Memorandum für das Kultusministerium, in dem sie auf die Raumnot mit den Worten hinwiesen:

> »Derzeit ist die Produktivität der physikalischen Institute durch den verfügbaren Raum begrenzt. Zur Kennzeichnung der Situation sei erwähnt, dass aus Raummangel kein Praktikum für Fortgeschrittene eingerichtet werden kann, was in der Bundesrepublik einmalig sein dürfte. Die experimentellen Institute verfügen über kein Dozentenzimmer, keine Seminarräume und keinen Aufenthaltsraum für die Angestellten. Jeder nur einigermaßen verwendbare Raum wurde für Laborzwecke, d. h. für die Ausbildung der Studenten herangezogen. (…) Zurzeit steht für Grundausbildung nur ein Hörsaal mit 315 Sitzen (inklusive Notsitzen) für ca. 600 eingeschriebene Studenten zur Verfügung, so dass etwa die Hälfte der Hörer auf eine Vorlesung verzichten muss.« (Memorandum 1960)

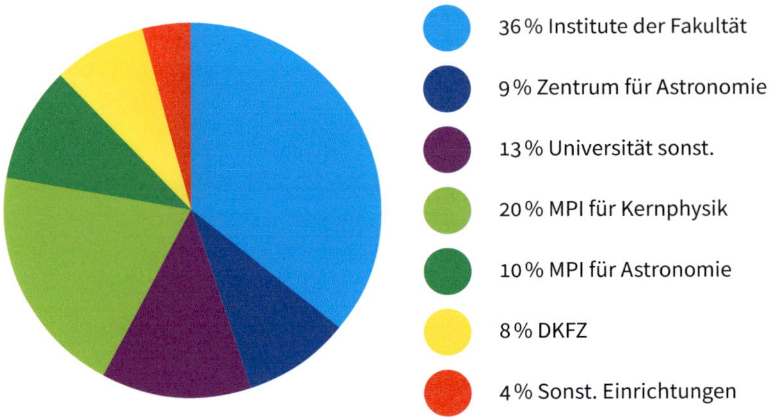

ABBILDUNG 6.1 Verteilung der Doktoranden der Fakultät für Physik und Astronomie auf verschiedene universitäre und außeruniversitäre Einrichtungen, Stand 2010.

Zur Verbesserung der Situation wurde vorgeschlagen, weitere Gebäude am Philosophenweg und in der Albert-Ueberle-Straße anzukaufen oder anzumieten, was dann auch geschah. Auch ein Neubau im Neuenheimer Feld mit Hörsälen und Praktikumsräumen wurde schon ins Auge gefasst.

Die vielen mit der räumlichen Erweiterung verbundenen Bemühungen und Frustrationen könnten ein eigenes Kapitel füllen, sollen aber hier nicht ausgeführt werden. Nur einige Ergebnisse sollen berichtet werden: Die neuen Institute für Theoretische Astrophysik und für Umweltphysik wurden schon von Beginn an im Neuenheimer Feld angesiedelt, allerdings erst in provisorischen Räumen. Das vorgeschlagene Hörsaalgebäude (ohne Praktika) wurde im Jahr 1978 fertiggestellt.[14] Für die anderen experimentellen Institute dauerte es noch bis zur Jahrhundertwende, ehe neue Gebäude im Neuenheimer Feld errichtet wurden. Im Jahr 2002 konnte dort das Kirchhoff-Institut, zu dem sich die Institute für Angewandte Physik und Hochenergiephysik zusammengeschlossen hatten,

14 Der große Hörsaal in diesem Gebäude (INF 308) wurde nach Joachim Heintze benannt, da ihm das Verdienst zukommt, während seines Dekanats die Planungen entscheidend vorangebracht zu haben.

einziehen. Zehn Jahre später folgte das Physikalische Institut. Wenn man sich erinnert, welche Bausünden in den sechziger und siebziger Jahren im Neuenheimer Feld begangen wurden, kann man im Nachhinein nur froh sein, dass sich der Neubau der Physik so lange hingezogen hat. Die neuen Gebäude der Experimentalphysik sehen nicht nur gut aus, sondern erfüllen auch die baulichen Anforderungen für modernes Experimentieren. Die Theoretiker hatten sich allerdings schon früh entschieden, am Philosophenweg zu bleiben – um den Preis einer räumlichen Trennung von den Kollegen der Experimentalphysik.

Innerer Zusammenhalt der Fakultät

Der innere Zusammenhalt und die gute Atmosphäre unter den Professoren ist ein großer Schatz, um den die Heidelberger Fakultät vielfach beneidet wird. Angesichts der räumlichen Trennung der Institute und der vielen Neuberufungen fragt man sich, wie dieser bewahrt werden konnte. Natürlich gab es auch in Heidelberg schwierige Situationen und Kontroversen. Aber sie konnten einvernehmlich gelöst werden. Das war einmal dem Einsatz von Volker Soergel und Gisbert zu Putlitz zu verdanken, die sich in besonderer Weise für die Fakultät als ganze verantwortlich fühlten. Zum anderen ist die Rolle des Professoriums zu erwähnen, einem informellen Gremium, dem alle Lehrstuhlinhaber angehörten. Zu dessen Treffen lud der Dekan die Professoren abends zu sich nach Hause ein. Bei einem Imbiss mit Wein wurden die schwierigen Themen, meist Berufungen, solange diskutiert, bis ein Konsens erreicht war. Die Abstimmung im Fakultätsrat war dann nur noch eine Formalität. Auch das von Bothe gegründete allgemeine Physikalische Kolloquium, freitags um 17 Uhr, hatte eine wichtige soziale Funktion. Nicht nur in der Hoffnung auf einen guten Vortrag ging man dorthin, sondern auch, weil man den einen oder anderen Kollegen aus einem anderen Institut zu treffen hoffte, um mit ihm bei einer Tasse Tee vorher oder einem Glas Wein nachher ein Problem der Physik oder der Fakultät ungezwungen zu besprechen. ◆ Abbildung 6.2 zeigt ein Foto der Zuhörer eines Kolloquiums. Die erste Reihe ist den Professoren vorbehalten. Aus Frau Wessels Anwesenheit muss man schließen, dass es sich bei diesem

Abbildung 6.2 Kolloquium im großen Hörsaal des Physikalischen Instituts. In der ersten Reihe von rechts: Berthold Stech, Ulrich Schmidt-Rohr, ein Unbekannter, Walter Wessel, Frau Wessel, Otto Haxel, Hans Jensen und auf der anderen Seite des Gangs Christoph Schmelzer. Aufgenommen vermutlich 1968.

Foto um ein Festkolloquium zu Wessels Ehren bei seiner Emeritierung im Jahr 1968 handelte.

Studentenunruhen

»Unter den Talaren – Muff von 1000 Jahren« lautete ein Transparent, das zwei Studierende bei der Rektoratsübergabe 1967 an der Universität Hamburg enthüllten. Die Demonstrationen blieben nicht auf Hamburg beschränkt. An allen Universitäten Deutschlands protestierten die Studierenden gegen die ungenügende Aufarbeitung der Verbrechen des Dritten Reiches sowie gegen elitäre Strukturen und fragwürdige Traditionen in den Universitäten. Sie forderten Demokratisierung und mehr Mitbestimmung.

In Heidelberg erinnern sich die Professoren nur ungern an die Aktionen der Studierenden, weil Lehrveranstaltungen und Fakultätssitzungen durch Go-ins und andere Formen der Demonstration oft empfindlich gestört wurden. Als Beispiel wollen wir Hans Weidenmüller zu Wort kommen lassen, der in diesen schwierigen Zeiten eine Kommission, die einen neuen Studienplan für das Physikstudium ausarbeiten sollte, zu leiten hatte, und darüber wie folgt berichtet:

> »Die jungen Leute in der Kommission hatten revolutionäre Ideen. Zum Beispiel wollten sie, dass die Studierenden im ersten Jahr einen Pflichtkurs in Marxismus-Leninismus belegen sollten. Ein anderes großes Anliegen war der Unterricht. Einige sogenannte educators hatten behauptet, dass man, um ein Fach zu unterrichten, dessen Inhalte gar nicht beherrschen müsse. Man müsse nur wissen, wie man das Fach unterrichtet. Diese Idee fand auch bei den jüngeren Mitgliedern der Kommission viel Anklang. Sie fochten heftig für diese Ideen, und wir verbrachten endlose Stunden bei solchen Diskussionen, die den älteren Kommissionsmitgliedern völlig sinnlos erschienen. Zusätzlich zu meinen Lehrverpflichtungen verbrachte ich im Wesentlichen zwei Semester nur mit solchen Aktivitäten zu. Die Mühe hat sich aber gelohnt: Am Ende, nach länglichen Diskussionen, verabschiedete die Fakultät einen neuen sehr vernünftigen Studienplan.« (Weidenmüller 2015)

Um die Mitte der siebziger Jahre endete die kämpferische Konfrontation zwischen der Professorenschaft und den Vertretern der Studierenden und eine Zeit bleibender konstruktiver Zusammenarbeit begann. Die 68er Revolution hat sicher dazu beigetragen, dass sich das Verhältnis zwischen Studierenden und Professoren von einem mehr autoritären zu einem stärker partnerschaftlichen Verhältnis entwickelte. Da die meisten jüngeren Physikprofessoren einige Zeit in den USA verbracht hatten, wo sie einen entspannten Umgang zwischen Studierenden und Professoren kennengelernt hatten, fiel ihnen diese Umstellung nicht allzu schwer.

Großforschung

Noch bis in die fünfziger Jahre des zwanzigsten Jahrhunderts hinein wurde in Deutschland die physikalische Forschung weitgehend vor Ort ausgeführt, d.h. mit Experimenten, die in den Laboren der Institute aufgebaut waren, oder mit Teleskopen einer lokalen Sternwarte. Diese Art des Forschens änderte sich in den sechziger Jahren für einige Teilgebiete, wie z.B. für die Kern- und Teilchenphysik und für die Astronomie, weil die Leistung der am Ort vorhandenen Geräte nicht mehr ausreichte, und das aus prinzipiellen Gründen: Die Auflösung eines Teleskops wächst mit seiner Öffnungsweite, und die Auflösung eines Streuexperiments mit der Energie des Strahls. Bessere Auflösung, von der man neue Einsichten erwarteten konnte, war deshalb nur mit größeren Apparaturen zu erreichen. Da diese die finanziellen und organisatorischen Möglichkeiten einer einzigen Fakultät überstiegen, wurden Großforschungszentren gegründet und betrieben. Deren Anlagen wurden den universitären Wissenschaftlern für ihre Experimente zur Verfügung gestellt, wobei sich die Universitäten zum Teil an dem Aufbau der Infrastruktur beteiligten.

In dem neuen Konzept werden die geplanten Messungen »zu Hause«, d.h. in einem der Universitätsinstitute, vorbereitet, im Großforschungszentrum durchgeführt und schließlich im Heimatinstitut ausgewertet. Diese Forschung erfordert einen neuen Arbeitsstil: weniger Improvisation, dafür längere Planung, Bildung großer Forschungskollaborationen, genaue Abstimmung innerhalb des Teams und ungewohnte finanzielle Dimensionen. Neben physikalischer Intuition sind auch Managementqualitäten gefragt. In seiner Gedenkrede auf Hans Kopfermann, 1963 in

ABBILDUNG 6.3 Der erste große ringförmige Beschleuniger des CERN, das 28 GeV Proton-Synchrotron, unter einem Erdwall (Foto um 1965).

Heidelberg, sprach Viktor Weisskopf über diesen Wandel, wobei er einen Vergleich aus der Musik heranzog: Kopfermanns noch traditionelle Art zu experimentieren sei »Kammermusik in Vollendung« gewesen. In der modernen Physik aber sei vieles, die Beschleuniger, Rechenmaschinen und so weiter, »großes Orchester«. Und Weisskopf musste es wissen, denn als Generaldirektor des CERN war er von 1961 bis 1966 der »Dirigent« des größten europäischen »Forschungsorchesters« (Weisskopf 1963).

Die für die Heidelberger Physiker wichtigsten Großforschungsanlagen waren das Europäische Kernforschungszentrum CERN in Genf (gegründet 1954) (◆ Abbildung 6.3), das Deutsche Elektronen-Synchrotron DESY in Hamburg (gegründet 1959) und die Gesellschaft für Schwerionenforschung GSI in Darmstadt (gegründet 1969). Für die Astronomen war die Europäische Südsternwarte ESO in den chilenischen Anden (gegründet 1962) besonders wichtig.

Filthuth-Affäre

Schon in den Anfangsjahren der Großforschung erschütterte ein Skandal die Heidelberger Physik. Auf einen neu geschaffenen Lehrstuhl für Hochenergiephysik wurde Heinz Filthuth, der damals am CERN forschte, im Jahr 1965 nach Heidelberg berufen. Mit bewundernswerter Energie und Tatkraft begann er ein neues Institut aufzubauen, in dem am CERN aufgenommene Blasenkammeraufnahmen ausgewertet werden sollten. Die Forschungen, die Filthuth in Heidelberg vorantrieb, verlangten finanzielle Mittel in einer Größenordnung, für die die Universitätsverwaltung damals nicht vorbereitet war. Es ging insbesondere um sogenannte »Drittmittel«, die außerhalb des Landeshaushalts liefen. Zum Beispiel flossen dem Institut für Hochenergiephysik bis 1972 Forschungsmittel in Höhe von insgesamt etwa 36 Mio. DM zu, davon 29 Mio. DM von dritter Seite, hauptsächlich von der Bundesregierung. Über diese Mittel konnten die Institutsdirektoren nach den damals geltenden Bestimmungen relativ frei verfügen; sogar auf privaten Bankkonten konnten sie die Gelder verbuchen und verwalten.

In den Jahren 1966 und 1968 kam es bei routinemäßigen Überprüfungen des Institutshaushaltes durch den Rechnungshof zu schwerwiegenden Beanstandungen, die jedoch ohne Konsequenzen im Institut und in der Universitätsverwaltung blieben. Dann, Ende des Jahres 1971, informierten Angestellte des Instituts die Staatsanwaltschaft über finanzielle Misswirtschaft, worauf Filthuth (wegen Fluchtgefahr) sofort verhaftet wurde – ein sehr ungewöhnlicher Vorgang an einer Universität.

Wegen Untreue, Betrug und Urkundenfälschung wurde Filthuth zu einer mehrjährigen Gefängnisstrafe verurteilt (Urteil 1973). Ihm wurde unter anderem vorgeworfen, dass er Gefälligkeitsrechnungen und fingierte Reisekostenabrechnungen bei der Universitätskasse einreichen und die Gelder auf Institutskonten verbuchen ließ. Außerdem wurde in dem strafrechtlichen Urteil ausdrücklich festgestellt, dass er in beträchtlichem Umfang Institutsgelder für private Zwecke verwandt hatte. Als Folge der Verurteilung wurde Filthuth aus dem Landesdienst entlassen. Auch Angestellte und wissenschaftliche Mitarbeiter des Instituts mussten sich vor Gericht verantworten, weil sie wider besseres Wissen die sachliche Richtigkeit von fingierten Rechnungen mit ihrer Unterschrift festgestellt hatten. Die meisten Angeklagten wurden freigesprochen.

Nach Verbüßung seiner Strafe arbeitete Filthuth bei verschiedenen Firmen im In- und Ausland, zuletzt in Georges Charpaks Forschungsinstitut in Paris.

In der Öffentlichkeit wurde die Filthuth-Affäre ausführlich diskutiert (Der Spiegel 1976). Die politische Reaktion auf diese, wie auch andere ähnliche Affären an der Universität Heidelberg bestand darin, dass der baden-württembergische Landtag einen Untersuchungsausschuss zum Thema »Finanzgebaren der Universitäten« einsetzte. Darin sollten unter anderem die geltenden Bestimmungen bei der Drittmittelverwaltung und das Versagen der Universitätsverwaltung bei der Kontrolle untersucht werden. Das Ergebnis waren neue Bestimmungen für die Verwaltung von Drittmitteln, die wesentlich strenger und zum Teil überzogen restriktiv waren.

Trotz der finanziellen Misswirtschaft bleibt unbestritten, dass Filthuth ein gut funktionierendes Institut aufgebaut hatte. Er konnte damit zeigen, dass selbst in Zeiten der Großforschung Universitätsinstitute im internationalen Wettbewerb bestehen und gute Physik machen können. Die Heidelberger Fakultät wurde jedoch durch die Verurteilung eines bis dahin angesehenen Kollegen schwer erschüttert. Darüber berichtet Weidenmüller in seinem Rückblick:

> »Für unsere Fakultät stellte die Affäre eine große Belastung dar, manch andere Fakultät wäre an einer solchen Prüfung zerbrochen.

Schon lange bestehende persönliche Animositäten hätten sich zu persönlichen Feindschaften steigern können, die dann über Jahrzehnte fortbestanden hätten. Dass es anders gekommen ist, ist dem guten Geist zu verdanken, der in unserer Fakultät seit jeher geherrscht hat, aber auch dem starken persönlichen Einsatz Weniger. Ich erinnere mich insbesondere an das Wirken von Volker Soergel und Gisbert zu Putlitz. Auch dieses guten Geistes wegen bin ich sehr gern weiter Mitglied der Fakultät gewesen. Hans Jensen hat die Filthuth-Affäre sehr zugesetzt.« (Weidenmüller 2018, S. 176)

Jensen war mit Filthuth befreundet und wandte sich, da er die Beschuldigungen gegen Filthuth nicht einsah, in einem Brief an den damaligen Kultusminister Wilhelm Hahn. Dieser beauftragte Siegfried Kraft, der damals Referent für die Universität Heidelberg war und später ihr Kanzler wurde, nach Heidelberg zu reisen und Jensen in einem persönlichen Gespräch über die Vorwürfe gegen Filthuth zu informieren (Kraft 2018).

Deutsch-israelischer Wissenschaftler-Austausch

Die internationale Zusammenarbeit von Wissenschaftlern fördert die Verständigung zwischen Völkern. Auch wenn diese Behauptung plausibel klingt, gibt es dafür nur wenige konkrete Beispiele. Ein gelungenes Beispiel ist das von Gentner zusammen mit israelischen Wissenschaftlern ins Leben gerufene Stipendienprogramm, das jungen deutschen und israelischen Wissenschaftlern die Möglichkeit gibt, im jeweils anderen Land einige Zeit wissenschaftlich zu arbeiten. Die ersten Stipendiaten, die Anfang der sechziger Jahre ans Weizmann-Institut gingen, waren – nacheinander – Lorenz Krüger, Cornelius Noak und Jörg Hüfner. Alle waren Doktoranden der Heidelberger theoretischen Physik. Denn damals war nur die Abteilung Theoretische Physik des Weizmann-Instituts, insbesondere die Gruppe um Amos de-Shalit (◆ Abbildung 6.4), bereit, Deutsche aufzunehmen. Die Vorbehalte in den anderen Abteilungen des Instituts gegenüber Deutschen konnten nur langsam abgebaut werden.

ABBILDUNG 6.4 Der theoretische Physiker Amos de-Shalit vom Weizmann-Institut bei einem Vortrag am MPI für Kernphysik.

Für die jungen Deutschen wie für die Israelis am Weizmann-Institut waren die ersten Begegnungen nicht einfach. Denn zwischen ihnen stand – meist unausgesprochen – der Holocaust. Auch wenn die Stipendiaten wegen ihres Alters keine Täter sein konnten, so wurden sie von den Israelis doch als Vertreter des Volkes gesehen, das den Massenmord an den Juden begangen hatte. Und auch die jungen Deutschen trugen schwer an der historischen Verantwortung. Dennoch entstanden aus den ersten vorsichtigen Kontakten häufig lebenslange Freundschaften. Auch wissenschaftlich war für die Deutschen die Zeit am Weizmann-Institut ertragreich, weil dieses zu den international führenden Forschungsinstituten gehört.

Die jungen Israelis zögerten zunächst noch, sich um ein Stipendium zu bewerben, aber gegen Ende der sechziger Jahre wagten auch sie es. Uzy Smilansky, einer der ersten israelischen Stipendiaten, der nach Heidelberg kam, stellte bei der Annahme des Stipendiums die folgende Bedingung: sollte er sich nicht wohlfühlen, so dürfe er seine Koffer packen und ohne

Erklärung Deutschland jederzeit verlassen. Davon machte er jedoch keinen Gebrauch, im Gegenteil: er blieb sogar länger als vorgesehen.

Mit der Zeit weitete sich das sogenannte Minerva-Programm aus: Stipendiaten kamen nicht nur aus Heidelberg und dem Weizmann-Institut in Rehovot, sondern auch aus anderen israelischen und deutschen wissenschaftlichen Institutionen.[15] Die Gelder stammten von der Bundesregierung und wurden in Heidelberg verwaltet. Aus diesen Geldern wurden nicht nur Stipendien finanziert, sondern auch in großem Umfang Forschungen am Weizmann-Institut und später auch an anderen wissenschaftlichen Einrichtungen Israels. Gentner war der erste Vorsitzende des Komitees, das über die Stipendienanträge entschied, ihm folgten in dieser Funktion Hans-Arwed Weidenmüller, Jörg Hüfner und Dirk Schwalm, alles Heidelberger Physiker (Deichmann 2015).

Großes Universitätsjubiläum

Im Jahr 1986 wurde die Universität Heidelberg 600 Jahre alt, ein Jubiläum, das in großem Stil gefeiert werden sollte. Da man voraussehen konnte, dass die Organisation der Feier eine Herausforderung für die Universitätsspitze werden würde, war es wichtig, einen geeigneten Rektor zu finden. Die Wahl 1983 fiel auf Gisbert zu Putlitz, Professor am Physikalischen Institut, der seine Fähigkeiten als Wissenschaftsmanager schon bei der Leitung der Gesellschaft für Schwerionenforschung (GSI) unter Beweis gestellt hatte. Die Organisation des Jubiläums wurde dann sein Meisterstück, über das er in der Reihe *Heidelberger Physiker berichten* (Putlitz 2018, S. 137 ff) stolz erzählt. Übrigens trat er mit diesem Amt in die Fußstapfen Georg Hermann Quinckes, eines anderen Heidelberger Physikers, der hundert Jahre früher, im Jahr 1885, zum Prorektor (was dem heutigen Rektor entspricht) gewählt wurde, um das 500-jährige Jubiläum der Universität im Jahr 1886 vorzubereiten. Die vielen Ereignisse des 600-jährigen Jubiläums sind in einem von Wolgast herausgegebenen Band dokumentiert (Wolgast 1987). Hier erwähnen wir nur einige für die Physik wichtige Ereignisse.

15 Übrigens war die Städtepartnerschaft, die Heidelberg und Rehovot im Jahr 1983 unterzeichneten, auch eine Folge des erfolgreichen Wissenschaftler Austausches mit dem Weizmann-Institut.

Zu den bleibenden Errungenschaften gehört das Internationale Wissenschaftsforum, eine Villa unterhalb des Schlosses, die für die Universität erworben werden konnte und in der kleinere wissenschaftliche Tagungen in angenehmer Atmosphäre durchgeführt werden. Nicht nur in diesem Haus, sondern verstreut über die Gebäude der Universität fanden während des Jubiläumsjahres etwa 400 wissenschaftliche Konferenzen statt. ◆ Abbildung 6.5 zeigt den Rektor zu Putlitz mit Richard und Carl-Friedrich von Weizsäcker bei einem Symposium zum Gedenken an den Mediziner Viktor von Weizsäcker.

Von den vielen öffentlichen Veranstaltungen, die während des Universitätsjubiläums stattfanden, ist besonders die Ausstellung von etwa 500 Handschriften und gedruckten Büchern aus der Bibliotheca Palatina hervorzuheben (Mittler 1986). Bis zu ihrem Abtransport in den Vatikan während des Dreißigjährigen Krieges waren die Werke dieser bedeutenden Bibliothek auf der Empore der Heiliggeistkirche, die damals als Lesesaal diente, aufgestellt. Während des Jubiläumsjahres kehrte dorthin eine Auswahl von Büchern als Leihgabe des Vatikans zurück. Für die Physiker waren besonders die folgenden lateinischen Handschriften interessant: die *Libri naturales* des Aristoteles, die *Elemente* des Euklid und der *Almagest* des Ptolemäus, deren ausgestellte Manuskripte alle aus dem 14. Jahrhundert stammen.

Auch die einzelnen Fakultäten waren aufgerufen, das Jubiläum mit besonderen Beiträgen zu würdigen. Bei der Fakultät für Physik und Astronomie waren dies ein Aufsatz über Philipp Lenard und Vorlesungen von Joachim Heintze, Hans Günter Dosch und Hans Joachim Specht.

Über Lenard, das »schwarze Schaf« der Fakultät, hatte man in Heidelberg lange Zeit am liebsten überhaupt nicht gesprochen. Aber im Jahr 1986 war es Zeit, dass sich auch die Fakultät für Physik und Astronomie mit ihrer braunen Vergangenheit auseinandersetzte. Deshalb verfassten Reinhard Neumann und Gisbert zu Putlitz für die sechsbändige Festschrift *Semper Apertus* einen kritischen, aber ausgewogenen Aufsatz über Lenards Leben und Wirken (Neumann et al. 1985). Seitdem kann die Heidelberger Physik mit ihrem schwierigen Erbe entkrampfter umgehen.

Aus Heintzes Vortrag entstand, wie schon berichtet, das vorliegende Buch über die Geschichte der Physik an der Universität Heidelberg.

Gemeinsam hielten der theoretische Physiker Dosch und der Experimentalphysiker Specht, die beide ein Musikinstrument spielen, im Jubiläumsjahr eine einsemestrige Vorlesung mit dem Titel »Helmholtz und

Abbildung 6.5 Hohe Gäste beim Universitätsjubiläum: Bundespräsident Richard von Weizsäcker (Mitte), der Physiker Carl Friedrich von Weizsäcker (links) und der Universitätsrektor Gisbert zu Putlitz bei einem Symposium an der Universität Heidelberg.

danach – Physik und Musik« (Dosch 2018; Specht 2017). Darin wurden die physikalischen Grundlagen der Musik behandelt, Experimente, die auch originale Helmholtz-Apparate aus der Heidelberger Hinterlassenschaft einschlossen, wurden gezeigt. Musikinstrumente wurden für die tonalen Analysen wo immer möglich von Kollegen der Fakultät vorgespielt. Aus der Vorlesung entwickelte sich ein Forschungsprojekt mit der Heidelberger Kopfklinik über die bisher wenig bekannte Signalverarbeitung von Tonhöhe und Klang im Gehirn. Die Vorlesung von Dosch und Specht weckte auch außerhalb Heidelbergs großes Interesse. Zahlreiche Einladungen zu Vorträgen waren die Folge, sogar zu den Loeb Lectures an der Harvard University und zum Musikfest in Verbier.

Nach dem Ende seiner vierjährigen Amtszeit als Rektor kehrte zu Putlitz auf seine Professur am Physikalischen Institut zurück.

7.

Das Geschehen in den einzelnen Instituten (1960–2000)

An der Spitze der Fakultät steht ein auf Zeit gewählter Dekan, der die Fakultät nach außen vertritt und der nach innen vornehmlich organisatorische Aufgaben wahrnimmt. In der Physik ist das dem Dekan zugeordnete kleine Büro hauptsächlich für Berufungen, Studienberatung und Prüfungen zuständig. Die eigentliche Arbeit in Lehre und Forschung wird in den Instituten geleistet. Die Gründung neuer Institute war die Antwort auf die personelle Expansion der Fakultät und auf die wachsende Spezialisierung innerhalb der Physik. Während es im Jahr 1950 nur das Physikalische Institut und das Institut für Theoretische Physik gab und die Kernphysik den einzigen Forschungsschwerpunkt bildete, bestand die Fakultät am Ende des Jahrhunderts aus sechs Instituten mit vielen ganz unterschiedlichen Schwerpunkten. Im Folgenden wird für jedes Institut über die wichtigsten organisatorischen, wissenschaftlichen und personellen Entwicklungen berichtet.

In dem betrachteten Zeitraum von 1960 bis 2000 waren es meist die Lehrstuhlinhaber, die die Institute leiteten und die Richtung der Forschung bestimmten, weswegen im Folgenden besonders von ihnen die Rede sein wird. Da ihre Zahl im Laufe der Zeit beträchtlich zugenommen hat, kann hier jeweils nur wenig über das Leben und die Forschungen jedes einzelnen berichtet werden. Für ausführlichere Darstellungen empfehlen wir die inzwischen auf fünf Bände angewachsene Publikation der Vortragsreihe *Heidelberger Physiker berichten: Rückblicke auf Forschung in der Physik und Astronomie* (Appenzeller et al. 2017–2018). Darin erzählen fast alle Lehrstuhlinhaber, die in der Zeit von 1960 bis 2000 Mitglieder der Fakultät waren, als Zeitzeugen über ihre Forschungen und Erfahrungen. Für weitere Details über die Arbeiten in den einzelnen Instituten verweisen wir auf eine zum Universitätsjubiläum herausgegebene Übersicht (Krabusch 1986).

Auch wenn die Lehrstuhlinhaber die Ausrichtung der einzelnen Institute prägten, trugen zur Forschung auch viele andere Wissenschaftler und Nicht-Wissenschaftler bei: die Professoren anderer Besoldungsstufen, die habilitierten Gruppenleiter, die wissenschaftlichen Mitarbeiter, die Doktoranden und Diplomanden, die Verwaltungsangestellten und – in der Experimentalphysik sehr wichtig – die Angestellten der Werkstätten. Die Lehre wurde hauptsächlich von den Professoren getragen, die ein Deputat von acht Wochenstunden zu erfüllen hatten. Wegen ihrer besonderen Rolle werden am Ende jedes Abschnitts, der einem Institut gewidmet ist, alle dort tätigen Professoren einschließlich der persönlichen Ordinarien (aber ohne Honorarprofessoren und außerplanmäßigen Professoren) mit den Daten ihrer Zugehörigkeit an der Fakultät namentlich aufgeführt. Die Daten wurden den Personalverzeichnissen der Universität und dem von Dagmar Drüll herausgegebenen Heidelberger Gelehrtenlexikon (Drüll 1986–2009) entnommen.

Physikalisches Institut

Von 1950 bis 1975 bestand das Physikalische Institut aus zwei Teilinstituten, wobei Bothe und nach ihm Kopfermann das Erste und Haxel das Zweite Physikalische Institut leiteten. Erst nach Haxels Ausscheiden wurde die Teilung rückgängig gemacht, die Werkstätten und der Etat wurden zusammengeführt und aus dem Kreis der Professoren wurde ein Institutsdirektor auf Zeit gewählt.

Im betrachteten Zeitraum von 1960 bis 2000 gab es im Physikalischen Institut zwei Forschungsschwerpunkte: die Physik der Elementarteilchen und die der Atomkerne. Wir beginnen mit den Elementarteilchen.

Als Nachfolger für den 1963 verstorbenen Kopfermann war zunächst der damals 50-jährige Wolfgang Paul, Professor in Bonn, vorgesehen. Er hatte einige Jahre bei Kopfermann in Göttingen als Assistent gearbeitet und hätte in Heidelberg vermutlich dessen Physik weitergeführt. Paul stand allerdings auch auf anderen Berufungslisten, so dass sich die Heidelberger nicht viel Hoffnung machten. Deshalb entschieden sie sich im weiteren Verlauf des Berufungsverfahrens für eine Liste von Elementarteilchenphysikern: Joachim Heintze (37 Jahre) auf Platz 1 und Volker Soergel (32 Jahre) auf Platz 2. Damit wurde eine wichtige Weiche für die Heidelberger Physik gestellt: Die Elementarteilchenphysik wurde neben der Kernphysik zu einem zweiten Schwerpunkt im Physikalischem Institut.

Heintze, der 1953 bei Haxel promoviert hatte, war ein hervorragender Experimentalphysiker (◆ Abbildung 7.1). Nach einigen Jahren als Assistent in Heidelberg wechselte er zum CERN. Dort plante er mit Soergel, der bei Gentner in Freiburg promoviert hatte, ein wichtiges, aber sehr schwieriges Experiment: die Messung des Verzweigungsverhältnisses der schwachen Zerfälle $(\pi^+ \longrightarrow \pi^0 + e^+ + \nu) / (\pi^+ \longrightarrow \mu^+ + \nu)$, für das Murray Gell-Mann den winzigen Wert von $1{,}2 \cdot 10^{-8}$ vorausgesagt hatte. Da im Komitee, das das Experiment zu genehmigen hatte, keiner glauben wollte, dass man einen so kleinen Wert genau messen könnte, erhielt das Experiment erst nach einer Intervention des damaligen Generaldirektors Viktor Weisskopf grünes Licht. Zu Recht, denn es gelang, die Voraussage im Rahmen der experimentellen Messgenauigkeit von 10 % zu bestätigen. Für dieses Meisterstück wurden Heintze und Soergel mit dem Gustav-Hertz-Preis der Deutschen Physikalischen Gesellschaft des Jahres 1963 ausgezeichnet.

Heintze nahm 1964 den Ruf auf die Professur am Physikalischen Institut an (Heintze 2017). Drei Jahre später konnte auch Soergel für Heidelberg auf eine neu eingerichtete Professur gewonnen werden. Das bewährte Team Heintze/Soergel experimentierte weiter am CERN, wobei jetzt die Zerfälle der Hyperonen, d. h. Baryonen mit nicht-verschwindender Strangeness, im Zentrum ihres Interesses standen. Für den Spagat zwischen den Aufgaben in Heidelberg und in Genf hatten sie eine gute Lösung gefunden. Wenn einer in Heidelberg die Pflichten eines Professors in Lehre und Verwaltung erfüllte, kümmerte sich der andere um das Experiment in Genf. Der Wechsel fand zeitweise sogar im Wochentakt statt. Um keine Zeit zu verlieren, wurde häufig die direkte Verbindung

Abbilddung 7.1 Joachim Heintze, Professor für Experimentalphysik von 1964 bis 1991.

Heidelberg-Genf im Schlafwagen genutzt, wobei das CERN die Kosten für die Reisen und die Übernachtungen in Genf übernahm. Die enge Zusammenarbeit zwischen Heintze und Soergel führte auch zu einer lebenslangen Freundschaft, in die die beiden Familien einbezogen waren.

Das gemeinsame Experimentieren kam allerdings schon Anfang der 70er Jahre zu einem Ende, als Soergel im Jahr 1979 zum Mitglied des Direktoriums des CERN ernannt wurde. Er übernahm dort das Ressort des Forschungsdirektors, denn er war nicht nur ein hervorragender Physiker, sondern auch ein geschickter Manager. Solche Fähigkeiten waren für den Aufbau und das Funktionieren von Großforschungsanlagen gefragt. Deshalb erstaunt es auch nicht, dass Soergel schon zwei Jahre später zum Vorsitzenden des Direktoriums des DESY in Hamburg berufen wurde, wo er bis 1993 blieb. Seine Hauptaufgabe bestand darin, den Bau des Elektron-Proton-Speicherrings HERA, einer weltweit einzigartigen Anlage, zu leiten. Für die vielen auch nicht-physikalischen Probleme, die er dort zu lösen hatte, soll hier nur ein Beispiel erwähnt werden: Bevor HERA gebaut werden konnte, musste Soergel die Bedingung der Bundesregierung erfüllen, dass die zukünftigen ausländischen Partner über 20 % der Bausumme, d. h. einen Betrag von ca. 700 Mio. DM, übernehmen. Es war Soergels diplomatischem Geschick zu verdanken, dass die Summe zustande kam. HERA wurde unter seinem Direktorat ein großer Erfolg.

Die weitere Entwicklung der Elementarteilchenphysik am Physikalischen Institut wurde durch zwei Durchbrüche bestimmt. In der Theorie durch das von Gell-Mann und Zweig vorgeschlagene Quarkmodell und in der Experimentalphysik durch die Entwicklung von Spurenkammern, die elektronisch ausgelesen werden konnten. An der Entwicklung solcher Kammern war das Physikalische Institut maßgeblich beteiligt, wie Heintze mit berechtigtem Stolz erzählt:

> »Das schönste Ergebnis der apparativen Arbeiten in Heidelberg war sicher die 1968/69 von A. H. Walenta (damals Diplomand) erfundene Driftkammer, eine auf dem Zählrohrprinzip basierende Spurenkammer, die in den siebziger und achtziger Jahren die Funkenkammer und die Blasenkammer aus der Experimentiertechnik verdrängte. Ich stand der Entwicklung erst sehr skeptisch gegenüber, weil ich nicht recht glaubte, dass die Driftzeitmessung an vielen Zähldrähten in unserem finanziellen und technischen Rahmen machbar war. Ich hatte dann aber großes Vergnügen daran, mit Herrn Walenta zusammen an der Vervollkommnung der Driftkammer zu arbeiten.« (Heintze 2017, S. 125)

Heintze und Soergel hatten seit ihrer Ankunft in Heidelberg die Werkstätten kontinuierlich ausgebaut mit dem Ziel, für zukünftige Entwicklungen der Detektoren, die immer komplexer und anspruchsvoller wurden, technologisch gerüstet zu sein, sowohl was die Auslese-Elektronik als auch die Präzisions-Mechanik anging. Jede Neuberufung hat sich dieser Strategie angeschlossen.

Zum Studium der Quarks war die Erzeugung eines Quark-Antiquark-Paars bei der Elektron-Positron-Vernichtung eine vom theoretischen Standpunkt besonders transparente Reaktion. Inspiriert von damals unerklärlichen Diskrepanzen zwischen Theorie und Experiment in der Messung des Wirkungsquerschnittes in Elektron-Positron-Stößen beschloss Heintze, ein Experiment am kurz vor der Fertigstellung stehenden

DORIS-Speicherring bei DESY aufzubauen, um unter anderem diesen Wirkungsquerschnitt zu messen. Die »Novemberrevolution von 1974«, wie die Entdeckung des J/ψ genannt wurde, zeigte, dass Heintzes Wahl korrekt war.

Zusammen mit Arbeitsgruppen aus Japan, England und Hamburg wurde der Universaldetektor JADE (»**JA**pan-**D**eutschland-**E**ngland«) gebaut, wozu Heidelberg mit der Spurenkammer samt Auslese-Elektronik beitrug. Bei dem Detektor handelt es sich um einen segmentierten Zylinder, von dem in ◆ Abbildung 7.2 die untere Hälfte gezeigt ist. In jedem Segment sind Drähte gespannt, an die eine Hochspannung angelegt wird. Beim Durchgang eines geladenen Teilchens entsteht wie in einem Zählrohr eine Spur von Ionen, die zu den Drähten driften und nach Ort und Zeit registriert werden. Daraus lässt sich die Teilchenspur elektronisch rekonstruieren.

Der JADE-Detektor wurde am Elektron-Positron-Speicherring PETRA mit einer Schwerpunktsenergie von 40 GeV eingesetzt. Das vielleicht spektakulärste Ergebnis dieser Experimente war der direkte Nachweis der Existenz von Gluonen bei der Vernichtung eines Elektron-Positron-Paars. ◆ Abbildung 7.3 zeigt ein besonders schönes Ereignis: Im Zentrum der ringförmigen Zähler stoßen Elektron und Positron aufeinander und wandeln sich in ein Quark, ein Antiquark und ein Gluon um. Auf ihrem Weg radial nach außen »hadronisieren« diese intermediären Teilchen jeweils in eine Kette von geladenen Teilchen (hauptsächlich Pionen), deren Spuren registriert werden.

Als am CERN ein Elektron-Positron-Speicherring, der Large Elektron-Positron Collider (LEP), mit einer höheren Schwerpunktsenergie (zunächst 90 GeV) als bei PETRA im DESY gebaut werden sollte, wechselten die Heidelberger Elementarteilchenphysiker wieder zum CERN. Dort schlossen sie sich der OPAL-Kollaboration an, einer Zusammenarbeit von etwa 200 Physikern aus 34 Laboratorien. Heintze war in der Aufbauphase der OPAL-Kollaboration sehr engagiert, übergab aber 1984 die Verantwortung an Albrecht Wagner unter anderem für den Bau des OPAL-Zentraldetektors. Wagner hatte bei Heintze mit einer Untersuchung des Zerfalls des Λ-Hyperons promoviert und danach lange mit ihm zusammengearbeitet: am CERN über die Zerfälle von Hyperonen und am DESY im DESY-Heidelberg- und im JADE-Experiment. Er habilitierte sich in Heidelberg und war Heisenberg-Stipendiat, bevor er 1984 auf einen Lehrstuhl am Physikalischen Institut berufen wurde. Im Jahr 1989 kam

ABBILDUNG 7.2 Konstruktionsarbeit an der Driftkammer des JADE-Detektors im Physikalischen Instiut.

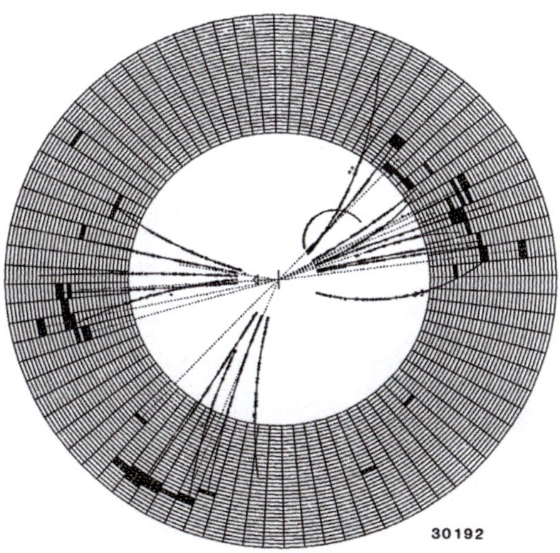

ABBILDUNG 7.3 Der Nachweis eines Gluons im JADE-Experiment.

der Strahl, und Wagner konnte noch die Auswertung der ersten Ergebnisse für die Masse und Breite des Z^0 koordinieren, bevor er 1991 einem Ruf auf einen Lehrstuhl an die Universität Hamburg, verbunden mit der Position eines Direktors am DESY, folgte. Aus der Breite des Z^0 konnte man schließen, dass mit den drei bereits bekannten Familien von Leptonen und Quarks tatsächlich ein Abschluss erreicht ist – ein sehr wichtiges Resultat.

Einen ganz anderen Zugang zur Elementarteilchenphysik verfolgte Gisbert zu Putlitz. Er hatte mit einem Experiment aus der Atomphysik bei Kopfermann promoviert. Bei einem Aufenthalt an der Universität Yale begann sich zu Putlitz für das Myonium zu interessieren, einem gebundenen Zustand aus einem positiven Myon und einem Elektron (Putlitz 2018). Da diese beiden Teilchen punktförmig sind und nur den elektromagnetischen und schwachen Wechselwirkungen unterliegen, ist das Myonium ein ideales System – sozusagen ein besseres Wasserstoffatom – um die Quantenelektrodynamik samt der elektroschwachen Theorie zu testen. Die hochpräzise Spektroskopie der Übergänge im Myonium und die genaue Messung des magnetischen Momentes des Myons waren Experimente, an denen zu Putlitz und seine Gruppe zwanzig Jahre beteiligt waren. Die Kollaboration entdeckte sogar eine Diskrepanz zwischen den gemessenen und berechneten Werten für das g-2 des Myons in der zehnten (!) signifikanten Stelle. Diese Diskrepanz stellt bis heute (2018) einen echten Hinweis auf Physik jenseits des Standard-Modells dar.

Bevor wir über die kernphysikalische Forschung am Physikalischen Institut berichten, schieben wir einen kurzen Abschnitt über die finanzielle Förderung der Forschung ein. Denn Forschung braucht Geld und Großforschung ganz besonders viel. Die Geräte sind groß und teuer, und das Experimentieren an auswärtigen Zentren erfordert Kosten für Reisen und Übernachtungen. Für alle Sachausgaben stellt die Universität dem Institut jährlich ein »Aversum« zur Verfügung, das durch von außen eingeworbene Drittmittel aufgestockt werden kann. Um einen Eindruck über die Größenordnungen zu geben, sollen hier die Höhe des Aversums und der Drittmittel des Physikalischen Instituts für den Zeitraum 1980 bis 1990 genannt werden. Das Aversum betrug 1,4 Mio. DM pro Jahr, unverändert in den 10 Jahren, während die Drittmittel von 2,4 Mio. DM für das Jahr 1980 auf 8,2 Mio. DM für 1990 anstiegen. Die Drittmittel wurden etwa hälftig für Sach- und Personalausgaben verwandt.

Die Kernphysik war der zweite Schwerpunkt der Forschungen im Physikalischen Institut. Unter Haxel standen zunächst Untersuchungen der atmosphärischen Radioaktivität im Vordergrund, Forschungen, die später zur Gründung des Instituts für Umweltphysik führten. Erst nachdem im Jahr 1962 der EN-Tandem-Beschleuniger des Max-Planck-Instituts für Kernphysik in Betrieb genommen worden war, wurden auch am Physikalischen Institut Kernreaktionen mit Protonen und schwereren Projektilen untersucht. Rasch entwickelte sich eine Art Symbiose zwischen beiden Instituten. Die praktische Zusammenarbeit ging soweit, dass über viele Jahre nicht nur mehrere Arbeitsgruppen, sondern auch ein Teil der Werkstätten des Physikalischen Instituts räumlich am MPI untergebracht waren. Umgekehrt bereiteten sich viele Wissenschaftler des MPI auf eine Laufbahn als Hochschullehrer vor, indem sie sich an der Fakultät habilitierten, Vorlesungen hielten und Diplomanden und Doktoranden betreuten. Oft wussten nur die Verwaltungsangestellten, welcher Doktorand zum MPI und welcher zum Physikalischen Institut gehörte. Von Universitätsseite wurde deshalb das MPI scherzhaft als »Drittes Physikalisches Institut« bezeichnet. Auch wenn im Laufe der Jahre die Personen und die Forschungsinteressen wechselten, blieb das Verhältnis zwischen der Fakultät und dem MPI unverändert eng und harmonisch. Ein solches für beide Seiten vorteilhaftes Verhältnis zwischen einem Universitätsinstitut und einem Max-Planck-Institut war in Deutschland eher die Ausnahme, jedenfalls damals.

Im Jahr 1972 wurde Peter Brix Gentners Nachfolger, allerdings nicht als *der* Direktor *des* Instituts, sondern als *einer* von mehreren Direktoren *am* MPI für Kernphysik. Gleichzeitig wurde er zum persönlichen Ordinarius an der Fakultät ernannt. Brix war kein Unbekannter in Heidelberg, denn er war mit seinem Lehrer Kopfermann von Göttingen nach Heidelberg gekommen, wo er sich habilitierte, bevor er eine Professur für technische Kernphysik an der Technischen Hochschule Darmstadt annahm (Brix 2017).

Der erste Beschleuniger des MPI, der EN-Tandem, ist in ◆ ABBILDUNG 7.4 gezeigt. Die Ionenquelle steht am hinteren Ende und ist nicht sichtbar. Die Ionen werden in der ersten Hälfte des Tanks über eine Spannung von 6 MV beschleunigt, in der Mitte umgeladen und noch einmal beschleunigt. Im Vordergrund stehen die Magnete, mit denen der Strahl in die Experimentierhalle umgelenkt wird. An dem EN-Tandem und seinem Nachfolger, dem Emperor-Beschleuniger, wurden Kerne mit

Abbildung 7.4 Der EN-Tandem-Beschleuniger des MPI für Kernphysik

Protonen, Deuteronen und Alphateilchen mit Energien von einigen MeV bis zu einigen 10 MeV beschossen. Später, als am Kernforschungszentrum Karlsruhe (später Forschungszentrum Karlsruhe) ein Isochron-Zyklotron mit 100 MeV Alphateilchen verfügbar wurde, experimentierten Mitglieder der Gruppe Haxel auch dort.

Im Jahr 1965 wurde die experimentelle Kernphysik an der Fakultät durch eine weitere, im Ersten Physikalischen Institut angesiedelte Professur verstärkt. Der neue Lehrstuhlinhaber, Bogdan Povh, hatte in Ljubljana (damals Jugoslawien, heute Slowenien) studiert und als Postdoc am CALTECH und in Freiburg gearbeitet, bevor er nach Heidelberg berufen wurde. Povh experimentierte an den Beschleunigern des MPI und des CERN. Eine seiner wichtigsten Arbeiten entstand am Kaon-Strahl des CERN, wo er in einer (K^-, π^-)-Reaktion Kerne in Hyperkerne umwandelte. Dabei wird ein Neutron im Kern durch ein Λ-Hyperon ersetzt. Aus der Energieverteilung der Pionen konnte man schließen, dass sich das im Kern eingebaute Λ in einem mittleren Potential bewegt, das keine Spin-Bahn-Kopplung enthält. Das war eine Sensation, denn für Nukleonen im

Kern war gerade die Spin-Bahn-Kopplung für das Verständnis der magischen Zahlen der Atomkerne entscheidend. Für diese Experimente wurde Povh mit der Stern-Gerlach-Medaille des Jahres 2005 ausgezeichnet. Im Jahr 1975 wechselte Povh an das MPI für Kernphysik und blieb der Fakultät als persönlicher Ordinarius verbunden (Povh 2018).

Nachdem Rudolf Bock am MPI für Kernphysik schon in den sechziger Jahren die Physik der schweren Ionen begonnen hatte, wurde diese Physik mit den Berufungen von Hans Joachim Specht (1973) und von Dirk Schwalm (1981) auch an der Universität zu einem Schwerpunkt kernphysikalischer Forschung. Schwere Ionen sind Atome zwischen Kohlenstoff und Uran, denen ein Elektron, mehrere oder sogar alle Elektronen fehlen und die deshalb als geladene Teilchen beschleunigt werden können. Der erste dedizierte Schwerionen-Beschleuniger, der von Schmelzer in Heidelberg entwickelte UNILAC, ging 1975 an der GSI, der Gesellschaft für Schwerionenforschung, in Darmstadt in Betrieb. Weitere Beschleuniger und Speicherringe für schwere Ionen wurden dort und an dem MPI für Kernphysik gebaut. Bei niedrigen Energien lassen sich damit Experimente zur Physik der Atomhülle ausführen, unter anderem Präzisionstests der Quantenelektrodynamik. Stoßen schwere Ionen bei höheren Energien – einigen MeV bis einigen 10 MeV pro Nukleon – auf andere ruhende Atomkerne, dann reagieren die Kerne miteinander. Sie werden angeregt, Nukleonen werden übertragen werden, oder beide Kerne verschmelzen. Bei noch viel höheren Energien – einigen 100 GeV pro Nukleon – wie sie z.B. am SPS (Super-Proton-Synchrotron) des CERN verfügbar wurden, entsteht während des Stoßes ein Plasma aus Quarks und Gluonen.

Schwalm hatte bei Povh in Heidelberg promoviert. Vor seinem Ruf auf eine Professur in Heidelberg war er leitender Wissenschaftler an der GSI. Später, 1994, wechselte er auf eine Stelle am MPI als Direktor der Abteilung »Physik mit schweren Ionen« und blieb als persönlicher Ordinarius der Universität verbunden. Sein ungewöhnlich breites Arbeitsgebiet umgrenzte er selbst als »Struktur und Dynamik fundamentaler atomarer, molekularer und kernphysikalischer Systeme«. Für seine vielfältigen Experimente – seine Publikationsliste umfasst über 480 Einträge – nutzte er hauptsächlich die Geräte der GSI und des MPI für Kernphysik. Zum Beispiel untersuchte er mithilfe des sogenannten Kristallkugel-Spektrometers die hoch angeregten Rotationszustände von Atomkernen, die in einer Schwerionen-Reaktion gebildet werden. Für atomphysikalische Untersuchungen an Schwerionen-Speicherringen nutzte er die

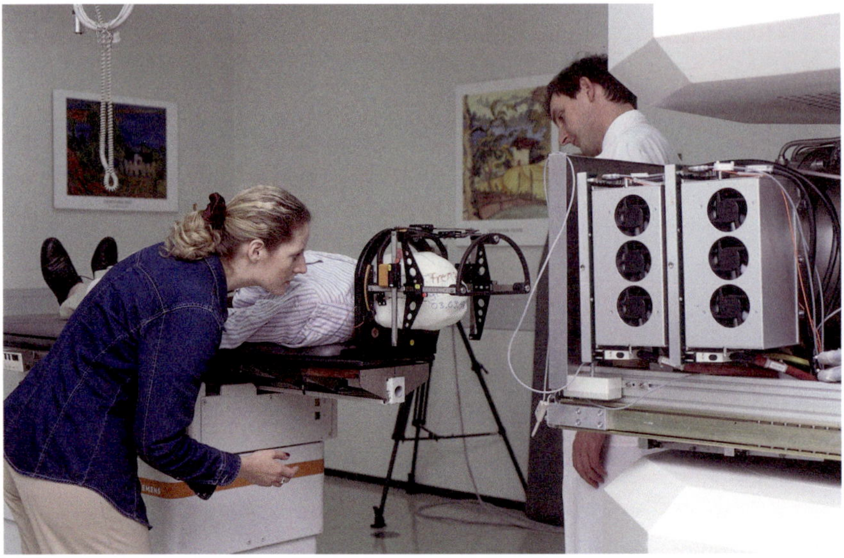

Abbildung 7.5 Tumor-Therapie mit schweren Ionen an der GSI. Ein Patient wird für die Bestrahlung seines Hirntumors vorbereitet. Der Strahl kommt von rechts.

Präzisions-Laserspektroskopie, z. B. für fundamentale Tests der relativistischen Zeitdilatation (Bosch et al. 2016).

Haxels Nachfolger Hans Joachim Specht hatte in München bei Heinz Maier-Leibnitz promoviert und danach auf dem Gebiet der Kernspaltung gearbeitet (Specht 2017). Dabei war es ihm gelungen, das vorausgesagte zweite Minimum in der Spaltbarriere nachzuweisen und die zugehörige Deformation des sich spaltenden Kerns zu messen. Nach seiner Berufung nach Heidelberg setzte er diese Forschungen am MPI für Kernphysik fort und experimentierte außerdem an der GSI. Ab 1983 wechselte er in die Schwerionen-Physik bei ultrarelativistischen Energien bis zu 200 GeV pro Nukleon am SPS des CERN. Damals war es noch nicht klar, ob in den Stößen bei dieser Energie überhaupt ein Quark-Gluon-Plasma erzeugt werden könnte. Das Experiment NA45/CERES, eine Kollaboration des Physikalischen Instituts mit dem MPI für Kernphysik und dem Weizmann-Institut, war speziell für das Studium der produzierten Lepton-Paare $e^+ e^-$ ausgelegt. Damit ließ sich z. B. untersuchen, wie sich die Eigenschaften gewisser Mesonen wie dem ρ-Meson in der Nähe des Phasenübergangs vom Quark-Gluon-Plasma zu einem hadronischen Medium verändern. Die Ergebnisse, kombiniert mit den Resultaten aus sechs weiteren großen Experimenten des CERN, lieferten die überzeugende Evidenz für die Existenz eines neuen Zustandes der Materie, des Quark-Gluon-Plasmas (CERN 2000). Mit dem abschließenden Experiment NA60 gelang der direkte Beweis für die Bildung dieses Plasmas bereits bei SPS-Energien durch direkte Messung von Temperaturen oberhalb der kritischen Temperatur.

Mitten im Aufbau des CERES-Experiments wurde Specht gefragt, ob er die wissenschaftlich-technische Leitung der GSI übernehmen wolle. Während Spechts Direktorat an der GSI (von 1992 bis 1999) und mit seiner besonderen Unterstützung wurden dort – in einer Zusammenarbeit mit der Radiologischen Klinik der Universität Heidelberg und dem Deutschen Krebsforschungszentrum – die Voraussetzungen für die Behandlung spezieller Tumore mit schweren Ionen geschaffen. Strahlen von schweren Ionen haben die besondere Eigenschaft, dass ihre Energiedeposition im Gewebe genau lokalisiert werden kann. 1997 wurden an der GSI die ersten von insgesamt 450 Patienten behandelt. ◆ Abbildung 7.5 zeigt ein Beispiel. Für die medizinische Seite war Jürgen Debus zuständig, der auf der Abbildung im Hintergrund zu sehen ist. Für die Schwerionen-Tumor-Therapie war er bestens vorbereitet, denn er hatte in Heidelberg parallel Medizin und Physik studiert und in beiden Fächern promoviert. Die Ergebnisse an der GSI waren so erfolgversprechend, dass ein dedizierter Schwerionen-Beschleuniger für die Heidelberger Universitätsklinik bewilligt wurde und seit 2009 im von Debus geleiteten Heidelberger Ionenstrahl-Therapiezentrum (HIT) läuft.

In den neunziger Jahren begann mit den Berufungen von Franz Eisele (1992), Dirk Dubbers (1993) und Johanna Stachel (1996) der Generationenwechsel im Physikalischen Institut. Dabei wurden die Forschungen auf den bisherigen Schwerpunkten des Instituts, Elementarteilchen- und Kernphysik, weitgehend weitergeführt: Eisele experimentierte am DESY mit Elektronen, Dubbers am Forschungsreaktor ILL in Grenoble mit kalten und ultrakalten Neutronen und Stachel mit ultrarelativistischen Schwerionen am LHC im CERN. Eine ausführliche Würdigung der Arbeiten der Neuberufenen ist einem später zu schreibenden Kapitel über die Geschichte der Heidelberger Fakultät nach 2000 vorbehalten (Dubbers 2018; Eisele 2018).

Professoren am Physikalischen Institut mit den Daten ihrer Tätigkeit: Otto Haxel (1950–1977), Hans Kopfermann (1953–1963), Wolfgang Gentner (1959–1974, persönlicher Ordinarius, hauptamtlich am MPI für Kernphysik), Joachim Heintze (1964–1991), Bogdan Povh (1965–2000, ab 1975 persönlicher Ordinarius, hauptamtlich am MPI für Kernphysik), Volker Soergel (1967–1996), Peter Brix (1976–1986, persönlicher Ordinarius, hauptamtlich am MPI für Kernphysik), Hans Joachim Specht (1973–2004), Gisbert zu Putlitz (1973–1999), Dietrich Pelte (1973–2003), Lars Lassen (1973–1994), Wolfgang Bühring (1975–1997), Albrecht Winnacker (1980–1986), Peter Bock (1980–20002), Heinz Wolfgang Siebert (1980–2004), Dirk Schwalm (1981–2005, ab 1994 persönlicher Ordinarius, hauptamtlich am MPI für Kernphysik), Albrecht Wagner (1984–1991), Reinhard Neumann (1985–1989), Frank Träger (1986–1990), Norbert Wermes (1989–1992), Franz Eisele (1992–2007), Dirk Dubbers (1993–2011), Heinz Jürgen Kluge (ab 1994, beurlaubt zur GSI), Johanna Stachel (ab 1996), Ulrich Straumann (1996–1999), Norbert Herrmann (ab 1998).

Institut für Theoretische Physik

Die theoretische Physik in Heidelberg begann mit Hans Jensen und wurde über viele Jahre von ihm geprägt, inhaltlich wie auch methodisch. Jensen setzte in Heidelberg zunächst seine in Hannover begonnenen Forschungen auf dem Gebiet der Kernphysik fort. Später, in den sechziger Jahren, wandte er sich auch Fragen der Elementarteilchenphysik zu. Beide Gebiete gehörten damals zur Front der Forschung und blieben bis zum Ende des Jahrhunderts auch Schwerpunkte der Heidelberger theoretischen Physik. In den siebziger Jahren wurde die theoretische Kernphysik personell zurückgefahren und zwei auf diesem Gebiet freiwerdende Lehrstühle mit Vertreten der statistischen Physik und der Festkörperphysik besetzt.

Jensen selbst arbeitete sehr experimentnah. Er suchte das Gespräch mit Kollegen der Experimentalphysik und analysierte die Daten, die er interpretieren wollte, sehr genau, bevor er ein Gesetz ableitete. Seine Art zu forschen wurde über viele Jahre das Markenzeichen der Heidelberger theoretischen Physik. Das fing schon in der Ausbildung an. Hans Günter Dosch, der seine Diplomarbeit bei Jensen machen wollte und eine Absage erhielt, schreibt darüber:

> »Jensen war der Meinung, dass man wenigstens einmal in seinem Leben etwas Anständiges lernen solle und nahm deswegen keine Diplomanden in der Theorie an. Ich glaube, das war damals sehr berechtigt, denn außerhalb der Universität gab es damals praktisch kein Betätigungsfeld für theoretische Physiker. Das hat sich inzwischen sehr geändert, und heute würde ich jedem angehenden Theoretiker unbedingt raten, schon sein Diplom in theoretischer Physik zu machen.« (Dosch 2018, S. 31 f)

Vermutlich wollte Jensen mit seiner Weigerung, Diplomanden anzunehmen, auch erreichen, dass angehende Theoretiker wenigstens einmal im Leben an einem Experiment mitarbeiten, um eine Ahnung davon zu bekommen, welche Probleme es dort zu lösen gibt und wie man experimentelle Ergebnisse zu verstehen hat. Theoretiker, die diesen Weg gegangen sind, haben bei ihren späteren Forschungen davon profitiert, insbesondere, wenn sie eng mit Experimentalphysikern zusammenarbeiteten. Allerdings wurde bei diesem »Umweg« die Ausbildung in Mathematik etwas vernachlässigt. Erst in den 1970er Jahren wurden Professoren nach Heidelberg berufen, die nicht aus Jensens Schule stammten und einen mehr mathematischen Zugang zur theoretischen Physik pflegten.

Als Jensen 1949 nach Heidelberg kam, musste das von ihm gegründete Institut für Theoretische Physik zunächst als »Untermieter« in das Gebäude des Physikalischen Instituts einziehen. Diese Situation änderte sich erst, als die theoretische Physik 1956 in die Villa Merton, Philosophenweg 16, einziehen konnte. Aber auch deren Räume reichten bald nicht mehr aus, und die Gruppe Kernphysik musste ein Gebäude im Neuenheimer Feld beziehen. Die Trennung von den anderen Kollegen der Theorie und der Experimentalphysik war jedoch schmerzhaft. Abhilfe kam erst 1973 als Folge der Filthuth-Affäre. Das zunächst für das Institut für Hochenergiephysik vorgesehene Gebäude Philosophenweg 19 wurde dem Institut für Theoretische Physik überlassen, allerdings erst, nachdem Heintze, Soergel und Stech im Kultusministerium vorstellig geworden waren. Mit diesem geräumigen und schön gelegenen Gebäude konnte den damals neu in die Theorie zu berufenden Theoretikern aus den Gebieten der Kernphysik, statistischen Physik und Festkörperphysik, Jörg Hüfner, Franz Wegner und Heinz Horner, ein attraktives Angebot gemacht werden. Alle drei nahmen den Ruf an und schlossen sich zur Abteilung Vielteilchenphysik im Institut für Theoretische Physik zusammen. Die Abteilung Elementarteilchenphysik blieb weiter im Haus Philosophenweg 16.

Im Folgenden werden die wichtigsten Forschungsprojekte, die in der theoretischen Physik zwischen 1960 und 2000 bearbeitet wurden, kurz beschrieben, und zwar in der Reihenfolge: Elementarteilchenphysik, Kernphysik, statistische Physik/Festkörperphysik und Quantenmechanik. Auch wenn die Bereiche getrennt dargestellt werden, gab es doch viele wissenschaftliche und persönliche Verbindungen zwischen den Vertretern der unterschiedlichen Bereiche.

Elementarteilchenphysik: Die zweite Hälfte des 20. Jahrhunderts war für die Elementarteilchenphysiker eine aufregende Zeit. In der kosmischen Strahlung und an den Beschleunigern wurden immer neue Teilchen entdeckt, deren Natur und Wechselwirkungen verstanden werden mussten. Auch wenn Jensen schon erste Schritte in Richtung Elementarteilchenphysik gemacht hatte, so war es doch erst Berthold Stech, der die Abteilung Theoretische Elementarteilchenphysik aufbaute. Sie wuchs kontinuierlich und bestand ab 1980 aus acht Professoren. Unter dem Oberthema »Angewandte Quantenfeldtheorie« wurden konkrete Daten analysiert, aber auch abstrakte Modelle der Feldtheorie untersucht.

Berthold Stech hatte in Heidelberg studiert und bei Bothe 1951 mit einer experimentellen Arbeit promoviert (Stech 2017). Danach wechselte er – übrigens gegen den Rat seines Doktorvaters – in die theoretische Physik und wurde Assistent bei Jensen. Seit 1959 war er ordentlicher Professor im Institut für Theoretische Physik, eine Position, die er bis zu seiner Emeritierung im Jahr 1991 innehatte. ◆ Abbildung 7.6 zeigt ihn als jungen Professor von 36 Jahren. Nach einigen Arbeiten zum Betazerfall von Atomkernen schlugen Jensen und Stech 1955 für die schwache Wechselwirkung eine Symmetrie vor, die die möglichen Kopplungen von Fermionen einschränkte. Diese diskrete chirale Symmetrie respektierte noch die damals allgemein akzeptierte Erhaltung der Parität. Heute ist die chirale Symmetrie aller Wechselwirkungen ein Grundpfeiler des Standardmodells der Teilchenphysik. Neben zahlreichen Arbeiten zu Theorien für eine Große Vereinigung aller fundamentalen Kräfte bildeten die schwachen Zerfälle, auch die von Mesonen und Hadronen mit schweren Quarks, ein Hauptthema der Stechschen Forschungen.

Die starke Wechselwirkung wurde besonders von den Professoren Hans Günter Dosch und Otto Nachtmann untersucht, die 1969 bzw. 1976

Abbildung 7.6 Berthold Stech, Professor für Theoretische Physik von 1960 bis 1991.

berufen worden waren und häufig eng zusammenarbeiteten. Ebenso wie Stech hatte auch Dosch in Heidelberg studiert und mit einer experimentellen Arbeit diplomiert. Zur Promotion wechselte er dann zu Stech in die theoretische Physik. Doschs wissenschaftliches Interesse galt der starken Wechselwirkung, insbesondere der quantenfeldtheoretischen Behandlung zusammengesetzter Zustände. Da in der Quantenfeldtheorie die Störungstheorie der einzige strenge analytische Zugang ist, ist man für die Behandlung gebundener Zustände auf Modelle angewiesen. Angeregt durch einen Vortrag des Kollegen Wegner aus der statistischen Physik über dessen erstes Modell einer Eichtheorie auf dem Gitter entwickelte Dosch zusammen mit seinem russischen Kollegen Yu. Simonov ein feldtheoretisches Modell zur nichtstörungstheoretischen Behandlung komplexer Systeme. Dieses Modell konnte, in Verbindung mit einer von Otto Nachtmann entwickelten Rahmentheorie zur Streuung hochenergetischer Teilchen, auch zur quantitativen Berechnung solcher Prozesse benutzt werden (Dosch 2018).

Otto Nachtmann war kein »Heidelberger Gewächs«, wie so viele andere Heidelberger Professoren, sondern hatte in Wien studiert. Um 1970 waren die tief-inelastischen Elektron- und Neutrino-Nukleon-Streuexperimente hochaktuell. Nachtmann schlug Methoden vor, wie aus den Daten der Experimente die inneren Quantenzahlen der Konstituenten des Nukleons bestimmt werden konnten. Ein weiteres großes Forschungsfeld waren Phänomene der Quantenchromodynamik (QCD), die sich nicht mit störungstheoretischen Methoden berechnen lassen. Zu diesen gehören die sogenannten »weichen« hochenergetischen Streuprozesse wie die Hadron-Hadron-Streuung bei hohen Energien und kleinen Streuwinkeln. Zusammen mit P. V. Landshoff von der Universität Cambridge (UK) konnte Nachtmann einen ersten Zusammenhang zwischen nicht-perturbativer QCD und weichen Streuprozessen herstellen. Schließlich sei erwähnt, dass Nachtmann ein Lehrbuch über Elementarteilchenphysik veröffentlicht hat.

Gegen Ende des zwanzigsten Jahrhunderts begann eine interessante Entwicklung in der Physik: Zwei Forschungsgebiete, die lange Zeit nichts Gemeinsames hatten, nämlich die Elementarteilchenphysik und die Kosmologie, trafen sich beim Versuch, die Verhältnisse im Kosmos kurz nach dem Urknall zu verstehen. In Heidelberg wurde diese Brücke zur Kosmologie zuerst von Christof Wetterich geschlagen, der 1992 Stechs Nachfolger wurde und den Generationenwechsel in der theoretischen Elementarteilchenphysik einleitete. Er schlug vor, die Dunkle Energie nicht durch die Einsteinsche kosmologische Konstante, sondern durch ein zeitabhängiges Skalarfeld, die sogenannte Quintessenz, zu beschreiben. Über die Ergebnisse und weitere Arbeiten wird in einem Kapitel über die Geschichte der Heidelberger Physik nach dem Jahr 2000 zu berichten sein.

Kernphysik: Zu Beginn der sechziger Jahre war die Sturm- und Drangzeit der Kernphysik abgeschlossen. Wichtige Konzepte zum Verständnis der Kerneigenschaften, wie das Schalenmodell und das Kollektiv-Modell, waren entdeckt und mit Nobelpreisen gewürdigt worden. Weitere Fortschritte in der theoretischen Kernphysik wurden wesentlich durch die Analyse von Daten aus Kernreaktionen an den neu gebauten Beschleunigern bestimmt. Eine enge Zusammenarbeit der Theoretiker mit den Experimentatoren war deshalb wichtig und wurde praktiziert.

Hans-Arwed Weidenmüller, der bei Jensen promoviert hatte, erweiterte den Formalismus des Schalenmodells, der zunächst nur für gebundene Zustände des Kerns entwickelt worden war, auf die Beschreibung

ABBILDUNG 7.7 Hans-Arwed Weidenmüller, Professor für Theoretische Physik von 1963 bis 2001.

von Kernreaktionen, in denen sich ein oder mehrere Teilchen in einem Streuzustand befinden. In Zusammenarbeit mit dem Belgier Claude Mahaux, der von 1970 bis 1971 in Heidelberg einen Lehrstuhl für theoretische Physik innehatte, entstand das Buch *Shell Modell Approach to Nuclear Reactions*. Später, nachdem Weidenmüller als Direktor zum MPI für Kernphysik gewechselt war, der Fakultät aber als persönlicher Ordinarius erhalten blieb, wandte er sich verstärkt den Kernreaktionen zu, in denen zwischenzeitlich ein hochangeregter Compound-Kern von komplizierter Struktur gebildet wird. Die für dieses Problem entwickelte Mathematik der Zufallsmatrizen ließ sich auch auf andere chaotische Systeme übertragen. Aus seiner Zeit am MPI stammt die ◆ABBILDUNG 7.7. Für seine Arbeiten wurde Weidenmüller im Jahr 1982 mit der Max-Planck-Medaille geehrt, der höchsten Auszeichnung, die die Deutsche Physikalische Gesellschaft für Arbeiten auf dem Gebiet der theoretischen Physik zu vergeben hat (Weidenmüller 2015; 2018).

Während Weidenmüller hauptsächlich Kernreaktionen bei relativ niedrigen Energien untersuchte, analysierte Jörg Hüfner Daten kernphysikalischer Experimente an Hochenergie-Beschleunigern. Hüfner hatte bei Weidenmüller promoviert und war 1973 von einer Professur an der Universität Freiburg nach Heidelberg berufen worden. In Heidelberg arbeitete er unter anderem mit Povh bei der Analyse der Daten aus der Produktion angeregter Hyperkerne zusammen. Als in Genf Kern-Kern-Stöße bei Energien bis zu 200 GeV pro Nukleon möglich wurden, beschäftige er sich mit den Eigenschaften des Quark-Gluon-Plasmas, insbesondere mit der Frage, wie dessen Produktion in Schwerionen-Stößen nachgewiesen werden kann (Hüfner 2018).

Statistische Physik und Festkörperphysik: In Heidelberg gab es lange Zeit keine Professoren auf diesen beiden Gebieten, obwohl insbesondere die Festkörperphysik für die Ausbildung sehr wichtig und an anderen Universitäten auch in der Forschung stark vertreten war. Erst in den siebziger Jahren wurden beide Gebiete auch in Heidelberg etabliert, zunächst in der Theorie mit den Berufungen von Franz Wegner (1974) und Heinz Horner (1975), und später auch in der Experimentalphysik mit der Berufung Siegfried Hunklingers (1982).

»Die Thermodynamik und Statistische Physik habe ich dreimal gehört«, schreibt Franz Wegner (◆ Abbildung 7.8) in seinem Rückblick auf seinen wissenschaftlichen Werdegang (Wegner 2018). Allerdings war er beim zweiten Mal schon einer der Korrektoren und leitete beim dritten Mal die Übungen selbst. Damals wusste er noch nicht, dass er diesem Teilgebiet der Physik bis zu seiner Emeritierung treu bleiben würde. Mit einer Arbeit über die Spindynamik des Ferromagneten am Übergang zum paramagnetischen Bereich promovierte er bei Wilhelm Brenig und Herbert Wagner in München. Kritische Phänomene, d. h. das Verhalten an Phasenübergängen, beschrieben durch die Renormierungsgruppe, beschäftigten ihn auch danach. Er erkannte, dass ein vier-dimensionales Ising-Modell mit Spins auf Plaketten im Hoch- und im Tieftemperatur-Bereich unterschiedliche Korrelationen von Produkten der Spins auf geschlossenen Schleifen zeigt. Die Ersetzung der Spins durch SU(3)-Matrizen führt zu Gittereichtheorien, die in der Quantenchromodynamik vielfache Anwendungen fanden. Damit ergaben sich fruchtbare Querverbindungen zu Dosch in der Abteilung Elementarteilchenphysik. Später wandte sich Wegner dem Verhalten von Elektronen in ungeordneten Gittern zu und entwickelte zur Beschreibung des Übergangs von Leiter zum Isolator ein Modell von Zufallsmatrizen auf einem Gitter. Für seine Entdeckungen

ABBILDUNG 7.8 Franz Wegner, Professor für Theoretische Physik von 1974 bis 2006.

wurde er schon im Alter von 46 Jahren mit der Max-Planck-Medaille ausgezeichnet.

Spingläser und Hirngespinste lautet der Titel des Vortrages in der Reihe *Heidelberger Physiker berichten*, in dem Heinz Horner, der wie Wegner in München promoviert hatte, über die Arbeiten in seiner Gruppe sprach (Horner 2018). Spingläser sind ungeordnete Systeme, z. B. verdünnte magnetische Legierungen, die sich nicht im thermodynamischen Gleichgewicht befinden, weshalb sie eine große Herausforderung für die theoretische Behandlung darstellen. Horner untersuchte die Struktur und Dynamik der vielen energetisch möglichen Konfigurationen der miteinander wechselwirkenden Spins. Formal lassen sich die Spins und ihre magnetischen Wechselwirkungen aber auch als Neuronen des menschlichen Gehirns und ihre Wechselwirkungen durch Synapsen auffassen. Den Konfigurationen der Spins im Spinglas entsprechen dann Zustände eines neuronalen Netzes im Gehirn. Dieser formale Zusammenhang ermöglicht es, Prozesse im Gehirn, wie das Lernen oder Wiedererkennen, mathematisch zu behandeln. In der Gruppe Horner wurden aber auch andere, mehr konventionelle Probleme wie z. B. das Tieftemperaturverhalten von Gläsern mit Methoden der statistischen Physik behandelt. Dabei kam es zu einer fruchtbaren Zusammenarbeit mit der experimentellen Gruppe um Hunklinger im Institut für Angewandte Physik.

Der Generationenwechsel in der theoretischen Festkörperphysik begann 1989 mit der Berufung von Dieter Heermann. Ähnlich wie schon Horner vor ihm wandte auch er Methoden der theoretischen Festkörperphysik auf Probleme der Lebenswissenschaften an, z. B. auf die Faltung von Chromosomen.

Quantenmechanik: Von Plancks Erklärung der Hohlraumstrahlung bis zur Schrödingergleichung, mit der viele Phänomene der Quantenphysik erklärt und berechnet werden können, dauerte es kaum dreißig Jahre. Aber selbst bis heute sind konzeptionelle Probleme der Quantenmechanik wie z. B. der Messprozess nur teilweise verstanden. Heinz-Dieter Zeh, der in Heidelberg bei Jörg Mang und Hans Jensen promoviert hatte, arbeitete zunächst über den Alpha-Zerfall von Atomkernen, wandte sich dann grundsätzlichen Fragen der Quantenphysik zu. Er gilt heute als einer der Begründer der Theorie der Dekohärenz: Ein Quantensystem, das mit der Umgebung wechselwirkt und sich dabei mit den Zuständen der Umwelt »verschränkt«, verliert seine Fähigkeit zur Interferenz und wird damit zu einem klassischen System (Päs 2018).

Im Jahr 2007 wäre Hans Jensen, der »Vater« der Heidelberger theoretischen Physik, hundert Jahre alt geworden. Aus diesem Anlass wurde seiner mit einem wissenschaftlichen Symposium gedacht. Gleichzeitig wurde neben dem Eingang zu dem Gebäude Philosophenweg 16 das in ◆ Abbildung 7.9 gezeigte, von dem Bildhauer Thomas Duttenhoefer gestaltete Flachrelief angebracht und das Gebäude selbst in »Jensen-Haus« umbenannt.

Professoren am Institut für Theoretische Physik mit den Daten ihrer Tätigkeit: Johannes Hans Daniel Jensen (1949–1973), Walter Wessel (1956–1968), Berthold Stech (1960–1991), Hans-Arwed Weidenmüller (1963–2001, ab 1971 persönlicher Ordinarius, hauptamtlich am MPI für Kernphysik), Klaus Dietrich (1968–1972), Hans Günter Dosch (1969–2002), Claude Mahaux (1970–1971), Karl-Heinz Mütter (1971–1975), Iring Bender (1973–2001), Heinz-Dieter Zeh (1973–1989), Jörg Hüfner (1973–2003), Franz Wegner (1974–2006), Heinz Horner (1975–2004), Otto

ABBILDUNG 7.9 Bronzetafel mit Jensens Halbrelief am Gebäude des Instituts für Theoretische Physik, Philosophenweg 16.

Nachtmann (1976–2007), Klaus Pohlmeier (1976–1978), Dieter Gromes (1980–2004), Heinz Rothe (1980–2004), Michael Schmidt (1980–2008), Klaus Rothe (1982–2004), Hans-Jürgen Pirner (1987–2010), Dieter Heermann (ab 1989), Christof Wetterich (ab 1992).

Institut für Angewandte Physik

Angewandte Physik hatte es in Heidelberg schon während des Zweiten Weltkriegs gegeben, nämlich von 1942 bis 1945 als wehrphysikalische Forschung in dem Institut für Weltpost- und Nachrichtenwesen unter der Leitung von Ludwig Wesch. Das einzig Gemeinsame zwischen diesem Institut und dem im Jahr 1959 gegründeten Universitätsinstitut für Angewandte Physik besteht darin, dass auch das neue Institut in der Villa Bergius untergebracht wurde.

Abbildung 7.10 Villa Bergius, Albert-Ueberle-Straße 3–5, seit 1960 Institut für Angewandte Physik.

Das in ◆ Abbildung 7.10 gezeigte Gebäude fällt schon durch seine Architektur im Stil der Neuen Sachlichkeit aus dem Rahmen der anderen Bauten am Philosophenweg. Zwei Jugendstilvillen, die vorher dort standen, wurden zum Teil abgerissen und in den neuen Bau integriert, der 1929 bezogen werden konnte. Der Bauherr war der Chemiker Friedrich Bergius (1884–1949), der zusammen mit Carl Bosch im Jahr 1931 den Nobelpreis für die Kohleverflüssigung, d. h. die Umwandlung von Kohle und Wasser in Öl, erhielt. Aus Geldnöten musste Bergius die Villa 1941 verkaufen, das Institut für Weltpost- und Nachrichtenwesen zog dort ein, und nach dem Krieg wurde es zunächst Sitz des amerikanischen Geheimdienstes, bevor es ein Institut der Universität wurde.

Der Bau war zwar architektonisch ansprechend, aber für die Anforderungen eines experimentellen Instituts ungeeignet. Deshalb hofften die neuen Nutzer auf einen baldigen Umzug, der aber noch über vierzig Jahre auf sich warten ließ. Später, als der Platz in der Villa nicht mehr reichte, wurde das gegenüberliegende Gebäude in der Albert-Ueberle-Straße 2 hinzugenommen. Da gleich zwei Professoren für angewandte Physik berufen worden waren, Christoph Schmelzer (1960) und Konrad Tamm (1961), und jeder Professor »sein« Institut beanspruchte, wurde das Institut zunächst in Angewandte Physik I (Schmelzer) und II (Tamm) geteilt, wobei die Teilung später aufgehoben wurde.

Auf Schmelzer, einen Fachmann für die Physik von Mikrowellen, war Bothe schon bald nach dem Krieg aufmerksam geworden (Nachruf Schmelzer 2001). Er holte ihn 1948 als Assistenten nach Heidelberg und übertrug ihm den Umbau des Zyklotrons im MPI für medizinische Forschung. Sechs Jahre später wechselte Schmelzer zum CERN, wo er als stellvertretender Direktor der Proton-Synchrotron-Gruppe für das Hochfrequenzsystem, die magnetische Führung der Protonen und ihre phasenrichtige Beschleunigung verantwortlich war. Als der Beschleuniger erfolgreich in Betrieb genommen worden war, übernahm Schmelzer einen Lehrstuhl für angewandte Physik und arbeitete weiter auf dem Gebiet der Beschleunigerphysik. Er entwickelte einen Linearbeschleuniger, mit dem alle Ionen, von Protonen bis Uran, auf Energien zwischen 2 und 11,4 MeV pro Nukleon beschleunigt werden konnten. Zu dessen Bau und einem zugehörigen Laboratorium wurde im Jahr 1969 die Gesellschaft für Schwerionenforschung (GSI) in Darmstadt gegründet mit Christoph Schmelzer als erstem wissenschaftlich-technischem Geschäftsführer. ◆ Abbildung 7.11 stammt aus dieser Zeit. Der Beschleuniger mit Namen UNILAC (Universal Linear Accelerator) ging im Jahr 1975 in Betrieb (◆ Abbildung 7.12). Auch Heidelberger Kern- und Atomphysiker haben diesen und andere später dort gebaute Beschleuniger für ihre Experimente genutzt.

Bei seinen Überlegungen, wie man die Einzelresonatoren des UNILAC steuern könnte, verfolgte Schmelzer auch die Idee, dafür die erst 1960 erfundenen Laser zu nutzen. Zum Aufbau einer Laser-Gruppe holte Schmelzer Peter Toschek, der bei Wolfgang Paul in Bonn promoviert hatte, im Jahr 1963 auf eine Assistentenstelle. Auch wenn Schmelzers Idee damals nicht zum Erfolg geführt hatte, arbeitete man im Institut weiter mit Lasern und setzte sie erfolgreich in der Atomphysik, der Augenheilkunde und der Mikroskopie ein.

In Toscheks Arbeitsgruppe wurden Laser gebaut, um die Wechselwirkung von Licht mit Atomen – ein altes Thema aber mit neuen

ABBILDUNG 7.11 Christoph Schmelzer, Professor für Experimentalphysik am Institut für Angewandte Physik von 1960 bis 1977.

Methoden – zu studieren. Einer der Doktoranden war der spätere Nobelpreisträger Theodor Hänsch, der mit der Arbeit *Zur Wechselwirkung zweier Laser-Lichtfelder mit angeregten Neon-Atomen* im Jahr 1969 promovierte. Toschek und seiner Gruppe gelang es auch, Atome mit Laserlicht zu kühlen. In einer Zusammenarbeit mit Hans Georg Dehmelt konnte zum ersten Mal ein einzelnes Laser-gekühltes Barium-Ion in einer Paulschen Ionenfalle gespeichert werden.

Schmelzers Nachfolger wurde Josef Bille, der in Karlsruhe über Halbleiterlaser promoviert und dann bei der Hoechst AG in der Abteilung Regeltechnik gearbeitet hatte. Mit seinen Erfahrungen in der Laser- und der Regeltechnik wandte sich Bille der adaptiven Optik zu. Mithilfe dieser Technik werden Störungen der Wellenfront beim Durchgang eines Lichtbündels durch ein inhomogenes Medium durch instantane Korrektur der Wellenfront beseitigt und damit die Auflösung optischer Geräte

ABBILDUNG 7.12 Der von Schmelzer konzipierte UNILAC-Beschleuniger. Im Vordergrund steht die Quelle, an die sich der 115 m lange Linear-Beschleuniger anschließt.

verbessert. In einer Zusammenarbeit mit Immo Appenzeller von der Landessternwarte erprobte Bille Verfahren, um bei der Himmelsbeobachtung die Störungen durch die turbulente Erdatmosphäre zu unterdrücken. Billes großes Verdienst aber sind seine Anwendungen der adaptiven Optik in der Augenheilkunde. Er entwickelte ein Verfahren zur genaueren Bestimmung der Augenfehler und – in Zusammenarbeit mit Medizinern – eine

Methode der Laserchirurgie der Hornhaut. Damit können Sehfehler besser als mit Brillen oder Kontaktlinsen korrigiert werden. Dieser Methode, die heute weltweit angewandt wird, verdanken viele Millionen Menschen ein erheblich verbessertes Sehvermögen. Einer der ersten extrem kurzsichtigen Patienten, bei denen die Brechkraft des Auges – innerhalb von 20 Sekunden! – mithilfe von Laserstrahlen korrigiert wurde, war Bille selbst mit dem Resultat, dass er seitdem keine Brille braucht. Für seine vielfältigen Erfindungen wurde er im Jahr 2012 mit dem Erfinderpreis der Europäischen Patentorganisation ausgezeichnet (Bille 2018).

In der Entwicklung von neuen Lichtmikroskopen, einem weiteren Schwerpunkt in der angewandten Physik, ging es unter anderem darum, die Auflösung der Geräte unter die durch die Beugung bedingte Grenze, den Abbe-Limit, zu drücken. Auch hier kamen Laser zum Einsatz. Christoph Cremer (Cremer 2018), der in Freiburg in Genetik und Biophysik promoviert hatte und 1983 auf eine Professur für angewandte Optik und Informationsverarbeitung in Heidelberg berufen wurde, verfolgte die Idee, mithilfe eines fokussierten Laser-Mikrostrahls das Objekt punktweise in drei Dimensionen abzuscannen und die induzierte Fluoreszenzemission mit einem Detektor zu registrieren, wobei ein vergrößertes drei-dimensionales Bild des Objekts entsteht.

Auch in der Gruppe Hunklinger wurde an Mikroskopen gearbeitet. Im Jahr 1990 promovierte Stefan Hell mit der Arbeit *Abbildung transparenter Mikrostrukturen im konfokalen Mikroskop*. Der Mikroskopie blieb Hell bei seinen weiteren Forschungen treu, wobei es auch zu zahlreichen gemeinsamen Publikationen mit Cremer kam. Für die Entwicklung von Verfahren der superauflösenden Fluoreszenzmikroskopie wurde Hell 2014 gemeinsam mit Eric Betzig und William Moerner mit dem Nobelpreis für Chemie ausgezeichnet.

Im zweiten Institut für Angewandte Physik wurde Konrad Tamm 1961 auf den Lehrstuhl für Elektronik und Schwingungsphysik berufen. Er hatte in Göttingen über die Absorption und Dispersion von Ultraschall in Flüssigkeiten und Gasen gearbeitet. Diese Forschungen wurden in Heidelberg weitergeführt und Untersuchungen auf dem Gebiet der Plasmaphysik hinzugenommen (Weis 1987).

Mit der Berufung von Siegfried Hunklinger, der in München promoviert hatte und die Nachfolge Tamm antrat, wurde die experimentelle Festkörperphysik in Heidelberg etabliert (Hunklinger 2017). Hunklinger setzte seine in München begonnenen und in Grenoble und Stuttgart weitergeführten Untersuchungen zum Tieftemperaturverhalten von amorphen Festkörpern, wie z. B. Quarzglas, in Heidelberg fort. Es war ein Glücksfall, dass gleichzeitig auch in der Gruppe Horner über diese Substanzklasse geforscht wurde und auf diese Weise ein reger Gedankenaustauch zwischen Theorie und Experiment möglich wurde. Zwei Stoffe gleicher chemischer Zusammensetzung, die sich durch ihre Struktur, kristallin bzw. amorph, unterscheiden, sollten sich – so war die allgemeine Erwartung – bei genügend tiefer Temperatur gleich verhalten. In Hunklingers Gruppe wurden deren dielektrische und akustische Eigenschaften bis zu Temperaturen von 5 mK hinab gemessen, ohne dass die Unterschiede verschwanden. Für diese Entdeckung wurde Hunklinger mit der Stern-Gerlach-Medaille der Deutschen Physikalischen Gesellschaft ausgezeichnet.

Am Institut für Angewandte Physik begann der Generationenwechsel 1995 mit der Berufung von Annemarie Pucci, der ersten Frau auf eine Professur an der Heidelberger Fakultät für Physik und Astronomie. Sie war auch die erste Professorin in der Fakultät, die in der ehemaligen DDR aufgewachsen war. In Heidelberg etablierte sie ein neues Forschungsgebiet: die Untersuchung von Oberflächen mithilfe unterschiedlicher experimenteller Verfahren, insbesondere mithilfe der Absorption von Infrarot-Strahlung.

Technologietransfer, d. h. die Ausgründung von Firmen, um Forschungsergebnisse in Produkte umzusetzen, gab es in der Heidelberger Fakultät für Physik und Astronomie relativ selten. Im Institut für Angewandte Physik versuchten es Bille und Hunklinger zusammen mit Siegfried Kalbitzer vom MPI für Kernphysik, Reinhard Männer vom Physikalischen Institut und Roel Wijnaendts vom EMBL. Hunklinger erinnert sich an die Schwierigkeiten:

> »Wir mieteten uns im ›Technologie-Park‹ im Neuenheimer Feld ein und versuchten unsere Ideen in die Tat umzusetzen. Ein wesentlicher Mangel unserer Firma war, dass zu viele Projekte verfolgt wurden und die Führungsstruktur ungeeignet war. Die Investoren erwarteten aber, dass in kurzer Zeit markttaugliche Produkte entwickelt wurden, mit denen Gewinne erwirtschaften werden können. Die Konsequenz war eine Aufspaltung der Firma: Leica übernahm die konfokale Mikroskopie, Heidelberg Instruments Mikrotechnik konzentrierte sich auf die direktschreibende

Lithographie und Heidelberg Instruments Engineering auf die Augenheilkunde.« (Hunklinger 2017, S. 70)

Die Firma *Heidelberg Instruments Mikrotechnik GmbH* existiert noch heute (2018) in Heidelberg und ist ein Marktführer auf dem Gebiet der Lithographie mithilfe von Lasern.

Wie schon erwähnt, war die räumliche Unterbringung des Instituts für Angewandte Physik lange Zeit unbefriedigend. Erst im Jahr 1999 wurde im Neuenheimer Feld ein Neubau begonnen, in den auch das Institut für Hochenergiephysik einziehen sollte. Um die Ressourcen der beiden Institute in der Verwaltung und den technischen Diensten effizienter nutzen zu können, beschlossen ihre damaligen Direktoren, Siegfried Hunklinger und Karlheinz Meier, beide Institute unter dem Namen Kirchhoff-Institut für Physik (KIP) zu vereinen. Schon im Jahr 2002 konnte der Neubau bezogen werden.

Professoren am Institut für Angewandte Physik mit den Daten ihrer Tätigkeit: Christoph Schmelzer (1960–1977), Konrad Tamm (1961–1981), Kurt Breitschwerdt (1973–1995), Klaus Hübner (1973–2000), Peter Toschek (1973–1981), Olaf Weis (1973–1975), Josef Bille (1978–2007), Siegfried Hunklinger (1982–2004), Christoph Cremer (1983–2009), Annemarie Pucci (ab 1995).

Institut für Hochenergiephysik

Unter den ersten jungen deutschen Wissenschaftlern, die am CERN ihre wissenschaftliche Laufbahn begannen, war Heinz Filthuth (Nachruf Filthuth 2016). Er hatte in Heidelberg bei Haxel promoviert, ging 1955 nach Genf und untersuchte, bevor es dort Beschleuniger gab, mit einer Nebelkammer kosmische Strahlung auf dem Jungfraujoch. Später arbeitete er am CERN beim Bau einer Blasenkammer mit und war führend an einem Experiment beteiligt, in dem K^--Mesonen in einer Wasserstoff-Blasenkammer gestoppt wurden. Eines der wichtigen Ergebnisse war die Bestimmung der relativen Parität der Hyperonen Σ^0 und Λ, wofür es damals zwei Voraussagen gab: Aus Werner Heisenbergs Theorie folgte ein negativer Wert, während Murray Gell-Mann und Yuval Ne'eman aufgrund ihres SU(3)-Modells einen positiven Wert voraussagten. Das Experiment ergab den Wert +1 und widerlegte damit Heisenbergs Voraussage, was dieser in einem Brief zugeben musste:

> »Lieber Filthuth,
>
> Haben Sie besten Dank für Ihr Telegramm aus Amerika mit dem interessanten Resultat über die ΛΣ-Parität. (...) Für uns in München ist das Resultat, wenn es richtig ist, insofern betrüblich, als es zeigt, dass in den Voraussetzungen unserer Spurionentheorie, d. h. in den Annahmen über die Entartung des Vakuums, noch ein grundlegender Fehler steckt...« (Heisenberg 1963)

Ein Jahr nach der Veröffentlichung dieses Ergebnisses, wurde Filthuth 1964 in Heidelberg auf einen neugeschaffenen Lehrstuhl für Experimentalphysik mit Schwerpunkt Hochenergiephysik berufen. Er gründete ein Institut, in dem die am CERN aufgenommenen Blasenkammeraufnahmen ausgewertet werden konnten. Dazu wurden an der Albert-Ueberle-Straße und am Philosophenweg mehrere Gebäude angemietet, Computer, Scan- und Messtische gekauft und Personal eingestellt. Die Blasenkammer-Aufnahmen von K^--Proton-Kollisionen bei verschiedenen Energien wurden ausgewertet, die Quantenzahlen angeregter Hyperonenzustände mithilfe einer Partialwellenanalyse bestimmt und mit Voraussagen des SU(3)-Modells verglichen. Aufgrund seines hohen Ansehens unter den europäischen Hochenergiephysikern gelang es Filthuth, die *Fourth Biannual European Conference on Elementary Particles* für 1967 nach Heidelberg zu holen.

Die Misswirtschaft in den Finanzen des Instituts führte – wie schon berichtet – zu Filthuths Verhaftung im Jahr 1972. Danach wurde das Institut zunächst von Volker Soergel und ab 1973 von dem neuberufenen Professor Klaus Tittel geleitet. Es war kein einfacher Neuanfang: Die Folgen der Misswirtschaft mussten finanziell und personell aufgearbeitet und die Physik neu ausgerichtet werden. Die nicht mehr zeitgemäße Blasenkammerphysik wurde aufgegeben und Experimente mit elektronischem Nachweis von Teilchenspuren begonnen, darunter am Neutrino-Experiment mit dem Kürzel CDHS (CERN-Dortmund-Heidelberg-Saclay-Kollaboration). An dessen Aufbau hatte Tittel als Senior Scientist des CERN schon vor seinem Ruf nach Heidelberg gearbeitet, ebenso der später nach Heidelberg berufene Franz Eisele. Sprecher des Experiments war Jack Steinberger, Honorarprofessor in Heidelberg und Nobelpreisträger des Jahres 1988. In dem Experiment,

Abbildung 7.13 Detektor des CDHS-Neutrino-Experiments am Super-Proton-Synchrotron des CERN.

das von 1976 bis 1984 lief, wurden unter anderem die Strukturfunktionen der Nukleonen aus der tief-inelastischen Streuung von Neutrinos bestimmt und der Weinbergwinkel, der Mischungswinkel der Schwachen Wechselwirkung, gemessen. ◆ Abbildung 7.13 zeigt den Detektor. Die Neutrinos fallen von hinten ein und produzieren in einem der 19 Module ein Myon durch Streuung an einem Nukleon eines Eisenkerns. Jedes Modul besteht aus einer magnetisierten Eisenscheibe, aus Szintillator-Streifen und einer Driftkammer, mit denen die produzierte Energie bzw. die Spur des Myons gemessen werden. Die Masse des Detektors beträgt 1250 t.

Unter den Folgeexperimenten des Instituts für Hochenergiephysik ist besonders die Beteiligung an dem ALEPH-Experiment am LEP des CERN hervorzuheben, das von 1989 bis 1995 Daten nahm und dessen Sprecher wieder Jack Steinberger war. In $e^+ e^-$ Kollisionen wurden vor allem Präzisionsmessungen zur elektroschwachen Wechselwirkung durchgeführt. Insbesondere wurden die Masse und Breite der W- und Z-Bosonen genau bestimmt. Dieses Experiment lief am LEP parallel zu dem OPAL-Experiment, an dem das Physikalische Institut beteiligt war.

Im Jahr 1992 begann mit der Berufung von Karlheinz Meier der Generationenwechsel am Institut für Hochenergiephysik. Mit der Untersuchung des menschlichen Denkens mithilfe von Computern eröffnete er ein neues Forschungsfeld an der Fakultät. Interessant ist, wie es dazu kam. Meier hatte am CERN und dann am DESY an verschiedenen Experimenten der Hochenergiephysik mitgearbeitet, wobei sein besonderes Interesse der elektronischen Instrumentierung galt. In Heidelberg baute er Teile des Triggers für das ATLAS-Experiment am CERN. Hierfür wurde am Institut für Hochenergiephysik ein Laboratorium für Mikroelektronik (ASIC) eingerichtet. Als die Vorarbeiten für ATLAS beendet waren, stellte sich die Frage nach der Zukunft des vorzüglich aufgestellten Labors. Da Meier schon immer von der Informationsverarbeitung fasziniert war, war der Sprung zur Informationsverarbeitung im menschlichen Gehirn vielleicht nicht allzu groß. Elektronische Bauelemente, die die Funktionen der Neuronen und Synapsen simulieren, wurden entwickelt und daraus ein »neuromorpher« Computer gebaut, d. h. ein Computer, der nach den bekannten Prinzipien des menschlichen Gehirns arbeitet. Damit wurde in der Heidelberger Physik eine neue Forschungsrichtung etabliert. Über ihre Erfolge auch auf europäischem Niveau wird in einem Kapitel über die Zeit nach 2000 zu berichten sein.

Professoren am Institut für Hochenergiephysik mit den Daten ihrer Tätigkeit: Heinz Filthuth (1964–1972), Klaus Tittel (1973–1998), Hermann Schneider (1973–2001), Eike-Erik Kluge (1973–2003), Klaus Schubert (1975–1988), Volker Hepp (1978–2003), Karlheinz Meier (1992–2018), Volker Lindenstruth (1998–2009).

Institut für Umweltphysik

Untersuchungen mit radioaktivem ^{14}C standen am Anfang einer Entwicklung, die in den fünfziger Jahren im Physikalischen Institut begonnen hatte und im Jahr 1974 zur Gründung des Instituts für Umweltphysik führte. Otto Haxel, der schon früh das Potential der Radiokohlenstoff- oder ^{14}C- Methode gesehen hatte, beauftragte seinen Doktoranden Karl-Otto Münnich mit dem Aufbau eines ^{14}C-Labors. Die ^{14}C-Atome wurden durch ihren radioaktiven Zerfall nachgewiesen, wobei damals, wie auch heute noch, die niedrigen Zählraten das größte Problem darstellten. Münnich, der

ABBILDUNG 7.14 Karl-Otto Münnich, Professor für Experimentalphysik am Institut für Umweltphysik von 1974 bis 1992.

im Jahr 1957 promoviert hatte, erkannte bald, dass sich die ^{14}C-Methode nicht nur zur Datierung in der Vorgeschichtsforschung, sondern auch zur Erforschung von Prozessen in der Umwelt eignet. ◆ ABBILDUNG 7.14 zeigt Münnich im Labor.

Gute wissenschaftliche Argumente sind zwar notwendig für die Gründung eines neuen Instituts, aber nicht hinreichend: ohne Geld und Stellen geht gar nichts. Um den materiellen Grundstock des Instituts zu sichern, gab jeder Lehrstuhlinhaber des Physikalischen Instituts eine seiner Assistentenstellen und einen Teil seines Aversums ab – ein Akt gelebter Kollegialität.

Aus dem ^{14}C-Labor entwickelte sich in Heidelberg die Umweltphysik in ihrer ganzen Breite. Haxel hatte nie Probleme mit »angewandter« Physik. Nach seiner Meinung können Physiker in ganz verschiedenen Bereichen Sinnvolles beitragen. Das bekannte Sprichwort laute ja nicht »Schuster bleib' bei deinen *Schuhen*« – so pflegte er zu sagen – sondern »Schuster bleib' bei deinen *Leisten*«. Die Leisten seien das Werkzeug des Schusters. Welche Schuhe er damit anfertige, das habe nicht immer er zu entscheiden. In diesem Sinne sah und sieht sich das Institut für Umweltphysik als eine Institution, die die physische Umwelt mit physikalischen Methoden verstehen will. Auch wenn die Gründung des Instituts in die Zeit fiel, als sich die »grüne« Bewegung zum Natur- und Umweltschutz entwickelte, verstand sich das Heidelberger Institut immer als eines für Umweltphysik und nie für Umweltschutz.

In der hier behandelten Periode von 1974 bis 2000 wurden bei den Arbeiten des Instituts im Wesentlichen zwei unterschiedliche Untersuchungsmethoden genutzt:

- Die Verfolgung von Prozessen in der Umwelt anhand von Markierungsstoffen (Tracern), die über den radioaktiven Zerfall oder mithilfe von Massenspektrometern nachgewiesen werden, und
- der Nachweis von Spurenbestandteilen in der Atmosphäre durch optische Absorptionsspektroskopie.

Von Beginn an war die Erforschung des globalen Kohlenstoffkreislaufs, der für die Zukunft unseres Klimas wichtig ist, ein Schwerpunkt. Dabei spielte die künstliche Erhöhung des atmosphärischen ^{14}C-Inventars durch die oberirdischen Kernwaffenversuche eine wichtige Rolle. ◆ ABBILDUNG 7.15 zeigt die Abweichung des $^{14}C/^{12}C$-Verhältnisses im Kohlendioxid vom Wert des natürlichen Gleichgewichts. Die Abnahme des zusätzlichen ^{14}C erklärt

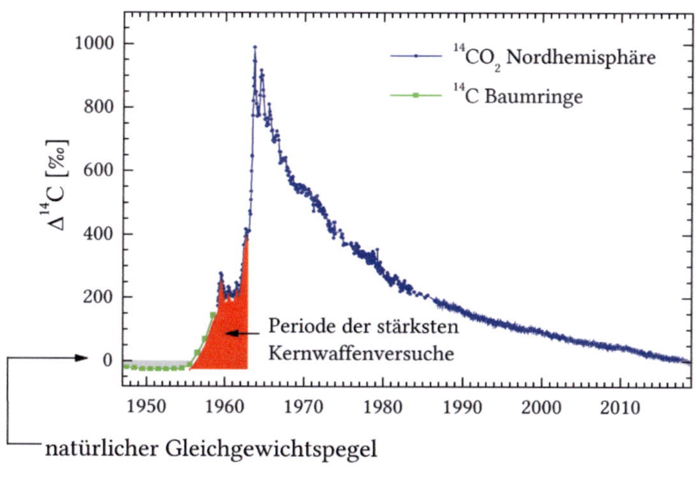

ABBILDUNG 7.15 Ein ungeplantes globales Tracerexperiment. Die zeitliche Entwicklung des durch die oberirdischen Kernwaffenversuche hervorgerufenen radioaktiven ^{14}C im Kohlendioxid der Atmosphäre.

sich nicht durch den radioaktiven Zerfall, dessen Halbwertszeit 5715 Jahre beträgt, sondern hauptsächlich durch den Austausch von atmosphärischem CO_2 mit den Ozeanen und der terrestrischen Biosphäre. Das zeitlich wohllokalisierte Signal durch oberirdische Atomwaffentests konnte in verschiedenen klimarelevanten Prozessen verfolgt werden.

Auch Quellen und Senken anderer Klimasystem-relevanter Spurenstoffe wie Methan oder Aerosole wurden im Institut untersucht. Daten zur Vergangenheit des Klimas gewann man aus Eisbohrkernen der Antarktis und der Alpen, sowie aus Ozeansedimenten und anderen Archiven.

Feldforschung spielte von Anfang an eine wichtige Rolle in der Arbeit des Instituts. Dazu nur einige Beispiele:

- Schon 1960 wandten Münnich und seine Mitarbeiter die Methode der Altersbestimmung mit ^{14}C auf die riesigen Grundwasservorräte unter der Sahara an. Die Erkenntnis, dass diese fossilen Ursprungs sind und sich nicht erneuern, war wichtig für Bewässerungsprojekte in Libyen und Ägypten.
- Auf Fahrten mit dem Forschungsschiff Meteor wurden Tiefenprofile von ^{14}C im gelösten anorganischen Kohlenstoff in den Weltmeeren aufgenommen. Die Werte aus oberen Schichten gaben Aufschluss über Austausch- und Mischungsprozesse, während die Daten aus der Tiefe für die Bestimmung der Erneuerungsraten des Tiefenwassers, ein essentieller Parameter im globalen Klimasystem, wichtig waren.
- An der Georg-von-Neumayer-Station in der Antarktis wurde auf Initiative des Instituts für Umweltphysik ein Spurenstoff-Observatorium gebaut und seit 1983 betrieben.

Die Methode der differentiellen optischen Absorptionsspektroskopie wurde von Ulrich Platt, der 1989 berufen wurde, eingeführt (Platt 2018). Dabei werden molekulare Spurenstoffe, wie Ozon oder Stickoxide, in der Atmosphäre durch die Schwächung eines Lichtstrahls bei bestimmten, für die Stoffe charakteristischen Frequenzen nachgewiesen. Da die Analysegeräte relativ kompakt sind, können sie auch auf Flugzeugen und Satelliten installiert werden, um die globale Verteilung atmosphärischer Spurengase zu kartieren. Diese Messungen sind vor allem auch wichtig, um die chemischen Prozesse in der Luft besser zu verstehen.

Einzigartig ist der ringförmige Wind-Wellenkanal mit 10 m Durchmesser (Heidelberger Aeolotron), mit dem die kleinskaligen

Austauschvorgänge, insbesondere der Gasaustausch zwischen Wasser und Atmosphäre, studiert werden. Windwellen, Wasseroberflächentemperatur, Strömung und Konzentrationsfelder werden mit geeigneten Aufnahmeverfahren sichtbar gemacht und mit Methoden der Bildverarbeitung analysiert. Diese Analysen hat besonders Bernd Jähne vorangetrieben, der 1994 als Professor an das Institut für Umweltphysik und gleichzeitig an das Interdisziplinäre Zentrum für Wissenschaftliches Rechnen (IWR) berufen wurde, und mit dem der Generationenwechsel am Institut für Umweltphysik begann. Seine »Brückenprofessur« zwischen Physik und wissenschaftlichem Rechnen zeigt – wieder einmal – wie wichtig die Computer für die Forschung in der Physik geworden sind. Mit der Berufung Kurt Roths im Jahr 1998 wurde eine neue Professur für Bodenphysik und Bodenhydrologie besetzt.

Bei seiner Gründung war das Institut für Umweltphysik das einzige seiner Art in Deutschland und wurde Vorbild für viele Neugründungen im In- und Ausland. Zum 25-jährigen Jubiläum im Jahr 1999 konnte es eine eindrucksvolle Bilanz vorweisen: ein jährliches Drittmittel-Budget von etwa 5 Millionen DM und etwa 150 Mitarbeiter, von denen ein Großteil Diplomanden und Doktoranden waren (Schwartz 1999). Zur schnellen finanziellen und personellen Entwicklung des Instituts hat sicherlich auch beigetragen, dass ab den siebziger Jahren Umwelt und Klima wichtige Themen der öffentlichen Diskussion waren. Für das Institut bedeutete das, dass Drittmittel leichter eingeworben werden konnten und gute Studierende ins Institut strömten, um dort ihre Abschlussarbeit zu machen. Eine nur teilweise erwünschte Folge war, dass die Forschung in dem Institut von der Öffentlichkeit viel aufmerksamer und zum Teil auch kritischer verfolgt wurde als die anderer Institute der Fakultät.

Professoren am Institut für Umweltphysik mit den Daten ihrer Tätigkeit: Karl-Otto Münnich (1974–1992), Wolfgang Roether (1975–1987), Walter Rödel (1980–1998), Ulrich Platt (1989–2015), Wolfgang Kinzelbach (1993–1996), Bernd Jähne (ab 1994), Ulrich Schurath (1995–2004, beurlaubt zum FZ Karlsruhe, später KIT), Kurt Roth (ab 1998).

Auf dem Weg zu einem Heidelberger Zentrum für Astronomie

Mit der Entdeckung der kosmischen Mikrowellen-Hintergrundstrahlung im Jahr 1964 begann für die astronomische Forschung eine besonders fruchtbare Periode, die oft als »Goldenes Zeitalter der Astronomie« bezeichnet wird. Auch für die Heidelberger Astronomen war diese Zeit besonders ertragreich. Zu den beiden schon bestehenden außeruniversitären Institutionen, der Landessternwarte und dem Astronomischen Rechen-Institut, kamen zwei neue hinzu: das Universitätsinstitut für Theoretische Astrophysik und das Max-Planck-Institut für Astronomie. Damit wurde Heidelberg zu einem wichtigen Zentrum astronomischer Forschung in Deutschland. Im Jahr 2005 wurden die Landessternwarte und das Astronomische Rechen-Institut in die Universität eingegliedert, und zusammen mit dem Institut für Theoretische Astrophysik entstand daraus das »Zentrum für Astronomie Heidelberg« (ZAH).

Institut für Theoretische Astrophysik: Von der personellen Expansion der Universität Heidelberg in den sechziger Jahren profitierte auch die Astronomie. Im Jahr 1964 wurde zunächst ein und fünf Jahre später ein zweiter Lehrstuhl für Theoretische Astrophysik bewilligt. Der erste Lehrstuhlinhaber Karl-Heinz Böhm wechselte allerdings schon nach vier Jahren nach Seattle, da er für seine rechenaufwendigen Arbeiten leistungsfähigere Computer benötigte, als ihm in Heidelberg zur Verfügung standen. In seiner Nachfolge wurden Gerhard Traving und Bodo Baschek berufen. Beide waren Schüler des angesehenen Astronomen Albrecht Unsöld in Kiel. Nach Travings Emeritierung 1985 übernahm Werner Tscharnuter, der aus Wien gekommen war, dessen Professur. Die räumliche Unterbringung des Instituts für Theoretische Astrophysik war lange Zeit unbefriedigend: Innerhalb von 40 Jahren musste das Institut fünfmal umziehen (Baschek 2018).

Schwerpunkte der Forschung im Universitätsinstitut für Theoretische Astrophysik waren zunächst die Theorie der Sternatmosphären, d.h. der äußeren Schichten eines Sterns, und eine quantitative Analyse der Sternspektren. Insbesondere wurden der Strahlungstransport in den Sternatmosphären und die Akkretion der Gasatmosphären zu dichteren Objekten theoretisch und numerisch untersucht. Die Forschungen wurden durch mehrere Sonderforschungsbereiche finanziell unterstützt.

ABBILDUNG 7.16 Hans Elsässer, Professor für Astronomie von 1964 bis 1997. Das Gestänge und die Erdkugel auf dem Foto gehören zu der Skulptur »Der Sterngucker« auf dem Gelände des MPI für Astronomie.

Im Jahr 1967 erschien Unsölds Lehrbuch *Der Neue Kosmos*, in dem ein für alle Naturwissenschaftler verständlicher Überblick über das Gesamtgebiet der Astronomie gegeben wurde. Das Buch war so erfolgreich, dass bald weitere Auflagen nötig waren; ab der dritten Auflage übernahm Baschek die Überarbeitung und Herausgabe neuer Auflagen.

Max-Planck-Institut für Astronomie: Als im Jahr 1962 Hans Elsässer, der in Tübingen promoviert und sich dort auch habilitiert hatte, zum Professor für Astronomie an die Universität Heidelberg berufen wurde und gleichzeitig die Leitung der Landessternwarte übernahm, lag eine große

Aufgabe vor ihm. Denn in Heidelberg, ja in ganz Deutschland, waren die Astronomen für die vor ihnen liegenden Herausforderungen des Goldenen Zeitalters überhaupt nicht vorbereitet:

> »Betrachtet man im Rückblick die astronomische Forschungslandschaft der Bundesrepublik Deutschland jener Zeit, so sticht die vollständige Abwesenheit leistungsfähiger, zeitgemäßer Beobachtungseinrichtungen ins Auge. Überall fehlten die elementarsten technischen Voraussetzungen. Bei der Übernahme der Leitung der Landessternwarte fand Elsässer auf dem Königstuhl nur ein 70-cm-Spiegelteleskop aus dem Jahre 1907 vor, damals das zweitgrößte (!) in der Bundesrepublik.« (Solf 2003)

Elsässer wollte nicht nur die Situation in Heidelberg verbessern, sondern sah es auch als seine Aufgabe, den desolaten Zustand der beobachtenden Astronomie in Deutschland grundlegend zu verbessern. Der erste Schritt dazu bestand in seiner Mitarbeit an einer Denkschrift »Zur Lage der Astronomie«, die 1962 im Auftrag der Deutschen Forschungsgemeinschaft erstellt wurde. Darin wurde unter anderem empfohlen, nationale Einrichtungen überregionaler Art zu gründen, die externe Beobachtungsstationen mit großen Teleskopen betreiben sollen.

Die Denkschrift fiel auf fruchtbaren Boden, und ihre Empfehlungen wurden erstaunlich schnell umgesetzt. Schon im Jahr 1967 beschloss die Max-Planck-Gesellschaft die Gründung eines Max-Planck-Instituts für Astronomie in Heidelberg und berief Elsässer zu seinem Gründungsdirektor (◆ Abbildung 7.16). Das Institut sollte aus einem Heimatinstitut und zwei Beobachtungsstationen bestehen: einer im Mittelmeerraum und einer weiteren auf der Südhalbkugel.

Auf dem Königstuhl direkt neben der Landessternwarte wurde das Heimatinstitut gebaut und im Jahr 1975 eingeweiht. Das Observatorium im Mittelmeerraum, das in Zusammenarbeit mit spanischen Astronomen auf dem Calar Alto in Andalusien errichtet worden war, nahm im gleichen Jahr seinen Betrieb auf. Der ursprünglich ins Auge gefasste Standort Namibia für eine Beobachtungsstation auf der Südhalbkugel wurde aus politischen Gründen aufgegeben. Stattdessen wurde ein ursprünglich für Namibia gebautes 2,2-m-Teleskop für eine Periode von 25 Jahren leihweise der ESO übergeben. Die ESO, das European Southern Observatory, ist das »CERN der Astronomen«. ◆ Abbildung 7.17 zeigt

Abbildung 7.17 Das Very Large Telescope (VLT) der Europäischen Südsternwarte (ESO).

das Very Large Telescope der Europäischen Südsternwarte. Es besteht aus vier ortsfesten Teleskopen mit dünnen, aktiv kontrollierten Spiegeln von jeweils 8,2 m Durchmesser, sowie vier beweglichen konventionellen Teleskopen mit jeweils 1,8 m Durchmesser. Die 8-m-Teleskope können einzeln oder zusammen mit einem gemeinsamen Fokus betrieben werden. Die kleinen können auf Schienen gefahren werden und entweder zusammen mit den großen Teleskopen oder auch nur untereinander als Interferometer betrieben werden.

Die ESO integrierte das Teleskop des MPI für Astronomie in das La Silla-Observatorium in Chile, wobei, quasi als Leihgebühr, 25 % der Beobachtungszeit dem MPI für Astronomie zur Verfügung gestellt wurde. Wegen der guten Beobachtungsbedingungen war dies eine wichtige Ergänzung der Arbeitsmöglichkeiten für die Astronomen des MPI. Über deren Forschungen wird ausführlich in dem Jubiläumsband aus Anlass des 40-jährigen Bestehens des Instituts berichtet (Lemke 2011).

Elsässers eigene wissenschaftliche Interessen umfassten unter anderem die interplanetare und interstellare Materie, die Sternentstehung und die großräumigen Strukturen im Kosmos. Zeit seines wissenschaftlichen Lebens war sich Elsässer auch einer Bringschuld des Wissenschaftlers gegenüber der Öffentlichkeit bewusst. Durch populärwissenschaftliche Vorträge und durch die Gründung der Zeitschrift *Sterne und Weltraum* ließ er die Öffentlichkeit an den Fortschritten der Astronomie teilhaben.

Um sich ganz auf seine Aufgaben als Direktor des Max-Planck-Instituts konzentrieren zu können, gab Elsässer im Jahr 1975 seine Ämter als Professor und als Leiter der Landessternwarte ab. Der Universität blieb er aber weiter als persönlicher Ordinarius verbunden. Er und seine Mitarbeiter beteiligten sich – ähnlich wie die Mitarbeiter des MPI für Kernphysik – an der Ausbildung der Studierenden, insbesondere durch die Betreuung von Abschlussarbeiten.

Landessternwarte: Elsässers Nachfolger als Professor für Astronomie und Direktor der Landessternwarte wurde Immo Appenzeller. Er hatte in Göttingen promoviert und sich auch dort habilitiert. Über die Aufgabe, die ihn erwartete, berichtet er im Rückblick:

> »Als ich nach Heidelberg kam, war die Sternwarte kein Museum mehr, Kienle und Elsässer hatten die Infrastruktur des Instituts wieder aufgebaut und hatten wieder wissenschaftliche Forschung etabliert. Ein »produktives Forschungsinstitut« war die Sternwarte aber immer noch nicht. Relativ zum Personalstand war der wissenschaftliche Ertrag nicht befriedigend. Hauptaufgabe war es daher zunächst, mit zeitgemäßen Hilfsmitteln (Computern, Bildverarbeitungssystemen und modernen Fokalinstrumenten), neuen Mitarbeitern mit zusätzlichem Fachwissen und einer Einbindung in internationale Kooperationen die Produktivität zu verbessern. Dass dies gelang, ist auch dem Heidelberger Umfeld mit der guten Zusammenarbeit der verschiedenen astronomischen Institute – unter anderem im Rahmen mehrerer gemeinschaftlicher Sonderforschungsbereiche – zuzuschreiben.« (Appenzeller 2017, S. 16)

Appenzellers wissenschaftliche Interessen umfassten unter anderem die Entstehung und Entwicklung der Sterne, die Physik der Quasare und der Radiogalaxien, die Identifikation der kosmischen Röntgenquellen, die Eigenschaften von Galaxien im fernen frühen Universum und die astronomische

ABBILDUNG 7.18 Die Rückseite der Spiegelzelle eines der vier 8-m-Spiegel des Very Large Telescope der ESO.

Spektroskopie im fernen und extremen ultravioletten Spektralbereich. Daneben entwickelte die Sternwarte unter seiner Leitung innovative Fokalinstrumente, die an wichtigen auswärtigen Observatorien eingesetzt wurden. ◆ ABBILDUNG 7.18 zeigt ein Beispiel: In der Mitte (gelb) ist das »Focal Reducer Spectrometer« angeflanscht, das gleichzeitig als Kamera, Spektrometer und Polarimeter dient und speziell für die Beobachtung extrem lichtschwacher Objekte ausgelegt war. Es wurde von den Sternwarten in Göttingen, Heidelberg und München entwickelt und gebaut.

Appenzeller hatte sich auch international ein gutes Ansehen erworben. Das äußerte sich z.B. darin, dass er während neun Jahren Mitglied im Exekutivkomitee der International Astronomical Union war und zeitweise als Generalsekretär diese Organisation auch leitete.

Astronomisches Rechen-Institut: Dieses außeruniversitäre Institut, eine weitere Säule der astronomischen Forschung in Heidelberg, konnte im Jahr 1961 einen Neubau in der Mönchhofstraße 12–14 beziehen, nachdem ein Teil des Instituts schon 1957 in die danebenliegende Villa umgezogen war. In dem Neubau fand auch das Rechenzentrum der Universität eine erste, vorläufige Unterkunft. Es wurde von 1963 bis 1969 von Roland Wielen geleitet. Die Rechenmaschine, eine SIEMENS 2002, war die erste in Deutschland produzierte Maschine, die vollständig mit Transistoren bestückt war. Die Programme und Daten wurden auf Lochstreifen gestanzt und in die Maschine eingelesen.

Walter Ernst Fricke übernahm im Jahr 1955 die Leitung des Instituts und wurde 1958 zunächst persönlicher und 1961 hauptamtlicher Professor der Universität. In seiner Forschung führte er die von seinem Vorgänger August Kopff begonnene Verbesserung des dritten Fundamentalkatalogs der Sterne aus dem Jahr 1937 fort und gab den vierten Katalog heraus. Dieser bestand aus hochpräzisen Daten von 1535 Sternpositionen und ihren Eigenbewegungen, wodurch das international akzeptierte Bezugssystem für die Koordinaten Rektaszension und Deklination der beobachtenden Astronomie festgelegt wird.

Die Arbeitsabläufe und Arbeitsgebiete des Instituts änderten sich fast schlagartig mit der Einführung elektronischer Rechenmaschinen. In seiner Ansprache bei dem Festakt zum 300. Geburtstag des Astronomischen Rechen-Instituts im Jahr 2000 beschrieb Wielen, der das Institut von 1985 bis 2004 leitete, den Wandel mit folgenden Worten:

> »Natürlich berechnen wir immer noch die astronomischen Grundlagen für den Kalender in Deutschland. Wenn Sie in Ihren Taschenkalender schauen, stammen die meisten Kalenderangaben, z.B. Sonnen- und Mond- Auf- und -Untergänge aus einer speziellen Publikation des Instituts, die die Kalenderverleger nutzen. Der Aufwand des Instituts für die Kalenderberechnung ist zwar heute vernachlässigbar klein, aber im Resultat immer noch wichtig und

Abbildung 7.19 Fotorealistische Darstellung des Astrometrie- Satelliten GAIA der europäischen Raumfahrtorganisation ESA. Im Hintergrund ein Ausschnitt der Milchstraße.

> aus Tradition beibehalten. Heute ist aber die wichtigste Aufgabe des Instituts die Grundlagenforschung auf dem Gebiet der Astronomie. Dabei stehen zwei Forschungsgebiete im Mittelpunkt der Institutsarbeit: die Astrometrie und die Stellardynamik.« (Wielen 2000)

Unter Wielens Leitung beteiligte sich das Institut unter anderem an der Gewinnung und Auswertung der Daten des Satelliten HIPPARCOS der European Space Agency (ESA). In dessen Mission von 1989 bis 1993 wurden die Positionen vieler astronomischer Objekte mit hoher Präzision vermessen, woraus für diese Objekte tangentiale Eigenbewegungen und über die Parallaxe radiale Abstände bestimmt werden konnten (Wielen 2017). Seit 1992 hat das ARI sich an der Vorbereitung des noch wesentlich leistungsfähigeren HIPPARCOS-Nachfolgers GAIA der ESA beteiligt, der seit 2014 im Betrieb ist und in ◆ Abbildung 7.19 in einer fotorealistischen Darstellung gezeigt ist. Auf dem Bild erkennt man den rund 11 m großen ausklappbaren »Sonnenschirm« des Satelliten, der den Instrumenten die nötige Dunkelheit und Kälte verschafft, und der auf der hellen Seite die Sonnenzellen und Antenne für die Datentransmission trägt. Im Hintergrund ein Ausschnitt der Milchstraße, des Hauptforschungsgegenstands der Mission.

Max-Planck-Institut für Kernphysik: Auch die Abteilung Kosmochemie des MPIs für Kernphysik gehört zu den Heidelberger Institutionen, in denen der Weltraum erforscht wird. Allerdings geschah das zunächst nicht mithilfe von Teleskopen, sondern mit anderen physikalischen und auch chemischen Methoden (Festschrift MPI 2008). Zum Beispiel wurden Meteorite, Mondgestein oder kosmischer Staub auf ihre chemische und physikalische Zusammensetzung untersucht. In dem GALLEX-Experiment, das Till Kirsten vom MPI für Kernphysik leitete, konnten zum ersten Mal quantitativ die Neutrinos nachgewiesen werden, die in der Sonne bei der Fusion von Wasserstoff zu Helium in der Proton-Proton-Reaktion entstehen. Daneben leistete das Experiment auch einen Beitrag zum Nachweis der Neutrino-Oszillationen.

Die fünf beschriebenen Standorte astronomischer Forschung in Heidelberg waren zwar organisatorisch getrennt, aber die Wissenschaftler arbeiteten jeweils zusammen, wenn es die wissenschaftlichen Interessen erforderten. Erst im Jahr 2005 wurden die drei vom Land finanzierten Einrichtungen, die Landessternwarte, das Astronomische Rechen-Institut und das Universitätsinstitut für Theoretische Astrophysik, zu dem »Zentrum für Astronomie Heidelberg« (ZAH) zusammengeführt. Damit entstand an der Universität ein astronomisches Forschungsinstitut, das mit acht Professoren und etwa 100 Wissenschaftlern und Studenten in der Größe vergleichbar ist mit den astronomischen Max-Planck-Instituten in München, Garching, Bonn und Heidelberg.

Professoren der Astronomie und Astrophysik mit den Daten ihrer Tätigkeit an der Universität: Hans Kienle (1950–1962), Walter Ernst Fricke (1958–1983), Hans Elsässer (1964–1997, ab 1975 pers. Ordinarius, hauptamtlich am MPI für Astronomie), Karl-Heinz Böhm (1964–1968), Gerhard Traving (1969–1985), Bodo Baschek (1969–2001), Wilhelm Kegel (1970–1979), Immo Appenzeller (1975–2005), Michael Scholz (1979–2005), Peter Ulmschneider (1980–2003), Roland Wielen (1985–2004), Werner Tscharnuter (1987–2010).

Heintze hat das letzte Wort

Mit der in diesem Kapitel gegebenen Übersicht über das Geschehen in den Instituten der Fakultät für Physik und Astronomie ist die Darstellung der *Geschichte der Physik an der Universität Heidelberg* zu einem Ende gekommen – jedenfalls vorläufig. Joachim Heintze hatte begonnen, das Buch zu schreiben. Deshalb gebührt ihm auch das letzte Wort. Wir entnehmen es seinem Vortrag in der Reihe *Heidelberger Physiker berichten*, der mit dem folgenden Bekenntnis endet:

> »Man sagt, dass Physik auch Spaß machen muss. Die Frage stellt sich: Hat sie mir Spaß gemacht? Ich muss sagen, beim Entstehen dieses herrlichen Gedankengebäudes – das Ganze kann man sich auch wie die Inszenierung und Aufführung eines Theaterstücks vorstellen – nicht nur als Zuschauer, sondern auch als Schauspieler auf der Bühne mitzuwirken, natürlich nicht in einer Hauptrolle, auch nicht gerade als Statist, sondern in einer hübschen Nebenrolle, das hat schon großen Spaß gemacht. Das kann ich Ihnen versichern.« (Heintze 2017, S. 135)

Viele Physiker und Astronomen, die an der Universität Heidelberg forschen und lehren durften, werden diesen Worten gerne zustimmen.

8.

Rückblick

Wenn man auf die über 600-jährige Geschichte der Physik an der Universität Heidelberg zurückblickt, kann man sich fragen: Was bedeutete das Studium der Physik damals, und was bedeutet es heute? Die Antwort, die ich [Heintze] auf diese Frage gebe, mag etwas verblüffend erscheinen: die Unterschiede sind nicht so groß. Nach wie vor bildet die Physik die Grundlage der Naturwissenschaft. Der Inhalt des Physikstudiums hat sich zwar gewaltig verändert; durch den Fortschritt der Wissenschaft ist das Studium viel reichhaltiger und interessanter geworden und in hohem Maße hat die praktische Bedeutung der Physik zugenommen. Aber noch gibt es das einheitliche Fach Physik, und damals wie heute dient das Physikstudium auch zur Erlernung von Denkmethoden, die zu Tätigkeiten weitab von der Physik befähigen. Zurzeit sind es nicht nur Industriefirmen und Forschungsinstitute, sondern auch Banken und Unternehmensberater, die Physiker einstellen.

In einer Hinsicht hat sich die Rolle des Physikstudiums allerdings sehr verändert: An der mittelalterlichen Universität und auch noch in der Renaissance spielte die Physik im Grundstudium bei allen Studiengängen eine wichtige Rolle. Heute gibt es Physikvorlesungen nur noch für Naturwissenschaftler und Mathematiker und für die Mediziner. Die

Allgemeinbildung in den Naturwissenschaften soll auf dem Gymnasium vermittelt werden. Das ist sehr zu begrüßen, zumal sich das Durchschnittsalter der Studienanfänger um mehrere Jahre erhöht hat. Leider ist das Gymnasium heute dazu kaum noch in der Lage, da die Zahl der Unterrichtsstunden in Physik stark reduziert wurde. Die Folge davon ist, dass wahrscheinlich im »finsteren« Mittelalter die Absolventen der Oberfakultäten, Theologen, Juristen und Mediziner, einen besseren Einblick in die Physik und in die Naturwissenschaften ihrer Zeit hatten als ihre Nachfahren heute im »naturwissenschaftlich-technischen« Zeitalter.

Die Inhalte der Physik als Wissenschaft und die Methode, wie diese gelehrt werden, haben sich im Lauf der vergangenen mehr als 600 Jahre gewaltig verändert. Im ausgehenden Mittelalter wurde Physik nach den Werken des Aristoteles als reine Buchwissenschaft und nicht als Erfahrungswissenschaft unterrichtet. Demonstrationsexperimente zur Vorlesung und Praktika gab es in Heidelberg erst ab dem 18. Jahrhundert. Dagegen war die Astronomie von Anfang an moderner: Ihre Ergebnisse beruhten auf quantitativen Beobachtungen, die Gesetze wurden mathematisch formuliert und in dem Unterricht wurde auch der Umgang mit Teleskopen gelehrt. Forschung, wie wir sie heute verstehen, spielte allerdings in Heidelberg in der Astronomie wie in der Physik zunächst praktisch keine Rolle: Bis etwa 1750 trugen die Heidelberger nichts Wesentliches zum Fortschritt der Wissenschaft bei. Erst durch die Beobachtungen des Astronomen Christian Mayer Ende des 18. Jahrhunderts und die bahnbrechenden Arbeiten von Gustav Kirchhoff und Hermann Helmholtz in der zweiten Hälfte des 19. Jahrhunderts wurde die Heidelberger Physik zeitweise international sichtbar und etwas später auch durch die Arbeiten des Astronomen Max Wolf. Der zweite Höhepunkt der Heidelberger Physik wurde nach dem Zweiten Weltkrieg erreicht und durch die Nobelpreise an Walther Bothe und Hans Jensen gewürdigt.

Danksagungen

Joachim Heintze dankt: Bei den von mir benutzten Quellen ist an erster Stelle eine reichhaltige Materialsammlung zu nennen, die zwei Heidelberger Physikstudenten, Peter Pietsch und Ulrich Hegel, im Jahr 1963 recherchiert und zusammengestellt hatten, um sie mit dem Titel *Daten zur Geschichte der Physik an der Universität Heidelberg* ihrem Lehrer, Herrn Professor Hans Kopfermann, zu seinem 60. Geburtstag zu überreichen. Frau Kopfermann gestattete mir, von dieser Dokumentation eine Kopie zu machen, und ohne diese Grundlage hätte ich es sicher nicht unternommen, mich mit der Physikgeschichte in Heidelberg zu befassen. Ich bin daher den Autoren und Frau Kopfermann zu großem Dank verpflichtet.

Maarten DeKieviet und Jörg Hüfner danken: Bei der Überarbeitung des Heintzeschen Manuskripts und besonders bei der Abfassung des Textes über die Zeit nach 1945 haben wir viele Kollegen und Freunde um Rat und Kritik gebeten und reichlich erhalten. Dafür danken wir insbesondere Immo Appenzeller, Matthias Bartelmann, Günter Dosch, Dieter Fick, Dieter Hoffmann, Eike Kluge, Rudolf Löhken, Christine Mundhenk, Reinhard Neumann, Kurt Scharnberg, Hans Specht, Johanna Stachel, Berthold Stech, Eduard Thommes, Hans Weidenmüller und Eike Wolgast. Wir danken Tom Turczyk für seine Hilfe bei der Herstellung und Verbesserung von Abbildungen und dem Team der Heidelberger Universitätsbibliothek für die kompetente und angenehme Betreuung.

Bibliographie

Appenzeller, Immo; Dubbers, Dirk; Siebig, Hans-Georg; Winnacker, Albrecht (Hg.) (2017–2018): Heidelberger Physiker berichten: Rückblicke auf Forschung in der Physik und Astronomie, Heidelberg: Universitätsbibliothek Heidelberg, 5 Bände, auch online verfügbar. Für Band 1: https://books.ub.uni-heidelberg.de/heibooks/catalog/book/192, für die folgenden Bände 2–5 sind die letzten 3 Ziffern in der Adresse jeweils durch 236, 253, 370 bzw. 371 zu ersetzen.

Appenzeller, Immo (2017): Astrophysik im Goldenen Zeitalter, in: Heidelberger Physiker berichten, Appenzeller et al. (Hg.), Heidelberg: Universitätsbibliothek Heidelberg, Bd. 3, S. 3–24.

Baschek, Bodo (2018): 50 Jahre Theoretische Astrophysik, in: Heidelberger Physiker berichten, Appenzeller et al. (Hg.), Heidelberg: Universitätsbibliothek Heidelberg, Bd. 2, S. 3–22.

Beyerchen, Alan D. (1980): Wissenschaftler unter Hitler, Physiker im Dritten Reich, Köln: Kiepenheuer und Witsch.

Bille, Josef (2018): Biomedizinische Optik, in: Heidelberger Physiker berichten, Appenzeller et al. (Hg.), Heidelberg: Universitätsbibliothek Heidelberg, Bd. 4, S. 3–38.

Böhm, Gottfried von (1886): Phillip von Jolly, ein Lebens- und Charakterbild, München: Fritsch.

Bosch, Fritz; Habs, Dietrich; Wolf, Andreas; Weidemüller, Matthias; Zaifman, Daniel (2016): Nachruf auf Dirk Schwalm, Physik Journal, Bd. 15 (2016), S. 56.

Bothe, Walther (1940): Die Diffusionslänge für thermische Neutronen in Kohle, https://digital.deutsches-museum.de/ [30.1.18].

Bothe, Walther (1945): Lebensbeschreibung, Typoskript, vermutlich 1945. MPG Archiv: Bothe Nachlass, Signatur: AMPG, III. Abt., Rep. 6, Nr. 1.

Bothe, Walther (1954): Nobel Lecture, www.nobelprize.org/prizes/physics/1954/bothe/lecture/ [30.11.18].

Brix, Peter (2017): Erinnerungen an die Physik von 1945 bis 1970 – Göttingen, Ottawa, Heidelberg, Darmstadt, in: Heidelberger Physiker berichten, Appenzeller et al. (Hg.), Heidelberg: Universitätsbibliothek Heidelberg, Bd. 1, S. 9–34.

Cappel, A. (1980): Societas Meteorologica Palatina (1780–1795), in: Annalen der Meteorologie (Neue Folge), Nr. 16, Offenbach, S. 10–28.

CERN (2000): press release, https://press.cern/press-releases/2000/02/new-state-matter-created-cern [30.11.18].

Cod. Heid. 386, 37 A (Kasten 160), General-Landesarchiv Karlsruhe.

Cremer, Christoph (2018): Mit Laserlicht ins Innerste des Zellkerns, in: Heidelberger Physiker berichten, Appenzeller et al. (Hg.), Heidelberg: Universitätsbibliothek Heidelberg, Bd. 4, S. 39–92.

Crombie, Alistair C. (1964): Von Augustinus bis Galilei: Die Emanzipation der Naturwissenschaft, Köln: Kiepenheuer & Witsch.

Deichmann, Ute (2015): Collaborations between Israel and Germany in Chemistry and the other Sciences – a Sign of Normalization?, Israel Journal of Chemistry, 55 (2015) 1181–1218

Der Spiegel (1976), Nr. 17.

Dosch, Hans-Günter; Stech, Berthold (1985): Johannes Daniel Jensen (1907–1973), in: Semper Apertus, 600 Jahre Ruprecht-Karls-Universität Heidelberg 1386–1986, Festschrift, W. Doerr u. a. (Hg.), Heidelberg: Springer, Bd. III, S. 417–436.

Dosch, Günter (2018): Erinnerungen, in: Heidelberger Physiker berichten, Appenzeller et al. (Hg.), Heidelberg: Universitätsbibliothek Heidelberg, Bd. 2, S. 23–52.

Drüll, Dagmar (1986–2009): Heidelberger Gelehrtenlexikon 1386–1986, 5 Bände, Berlin, Heidelberg u. a.: Springer, (Band 5 (1933–1986) ist online verfügbar unter https://link.springer.com/book/10.1007%2F978-3-540-88835-2) [30.11.18].

Dubbers, Dirk (2018): Fröhliche Wissenschaft – von Neutronen und anderen wichtigen Dingen, in: Heidelberger Physiker berichten, Appenzeller et al. (Hg.), Heidelberg: Universitätsbibliothek Heidelberg, Bd. 5, S. 33–80

Effinger, Maria; Wambsganß, Joachim (Hg.) (2009): Schriften und Instrumente aus sechs Jahrhunderten; Ausstellung der Universitätsbibliothek Heidelberg und des Zentrums für Astronomie der Universität Heidelberg (ZAH) zum Internationalen Jahr der Astronomie 2009; Katalog zur Ausstellung vom 13. November 2009 bis 13. September 2010, Universitätsbibliothek Heidelberg, Heidelberg: Winter.

Eisele, Franz (2018): Von der Verifizierung des Standardmodells und der Suche nach neuer Physik, in: Heidelberger Physiker berichten, Appenzeller et al. (Hg.), Heidelberg: Universitätsbibliothek Heidelberg, Bd. 5, S. 81–117

Festschrift des MPI für Kernphysik (2008): Von Kernphysik und Kosmochemie zu Quantendynamik und Astroteilchenphysik, 1958–2008, https://www.mpi-hd.mpg.de/mpi/fileadmin/files-mpi/Broschueren/Geschichte.pdf [30.11.18].

Freudenberg, Karl (1956): Stellungnahme zu dem Gesuch des Herrn Professor Dr. Ludwig Wesch, Brief, Heidelberg 23. 5. 1956, Personalakte Wesch, Fakultät für Physik und Astronomie Heidelberg.

Fries, Jakob Friedrich (1816): Über die Gefährdung des Wohlstandes und des Charakters der Deutschen durch die Juden, Heidelberg: Mohr und Winter.

Goeppert-Mayer, Maria; Jensen, J. Hans D. (1955): Elementary Theory of Nuclear Shell Structure, New York: John Wiley.

Goudsmit, Samuel A. (1947): ALSOS, New York: Henry Schuman (unsere Übersetzung).

Harteck P.; Jensen H.; Knauer Fr.; Suess H. (1940): Über die Bremsung, die Diffusion und den Einfang von Neutronen in fester Kohlensäure und über ihren Einfang in Uran, 1940, https://digital.deutsches-museum.de/ [30.11.18].

Haxel, Otto (2017): Wie ich die Entstehung der Physik der Atomkerne erlebte, in: Heidelberger Physiker berichten, Appenzeller et al. (Hg.), Heidelberg: Universitätsbibliothek, Bd. 1, S. 63–100.

Hefft, Klaus (2001): www.thphys.uni-heidelberg.de/~hefft/vkl [30.11.18].

Heintze, Joachim (1998): Otto Haxel zum Gedenken, Physikalische Blätter, Bd. 54 (1998), S. 356.

Heintze, Joachim (1999): Erinnerungen an Otto Haxel, Heidelberg, Personalakte Otto Haxel, Fakultät für Physik und Astronomie, Heidelberg.

Heintze, Joachim (2014–18): Lehrbuch zur Experimentalphysik; Peter Bock (Hg.), Berlin, Heidelberg: Springer-Spektrum.

Heintze, Joachim (2017): 43 Jahre Elementarteilchenphysik, in: Heidelberger Physiker berichten, Appenzeller et al. (Hg.), Heidelberg: Universitätsbibliothek Heidelberg, Bd. 1, S. 101–140.

Heisenberg, Werner (1963): Brief an Heinz Filthuth vom 7. Februar 1963.

Hemmer, Johann Jakob (1780): Nachricht von den in Kuhrpfalz angelegten Wetterleitern, in: Historia et Commentationes Akademiae Electoralis Scientiarum et Elegentiarum et Litterarum Theodoro Palatinae, Mannheim, Pars Physica Bd. 4, S. 21–86.

Henke, Ernst Ludwig Theodor (1867): Jakob Friedrich Fries, aus seinem handschriftlichen Nachlasse, Leipzig: Brockhaus.

Hinz, G. (Hg.) (1961): Ruperto-Carola, Sonderband aus Anlass des 575jährigen Universitäts-Jubiläums, Heidelberg: Brausdruck.

Hoffmann, Dieter; Schmidt-Rohr, Ulrich (Hg.) (2006): Wolfgang Gentner, Festschrift zum 100. Geburtstag, Berlin; Heidelberg u. a.: Springer.

Hoffmann, Dieter (2015): Versöhnende Wissenschaft – fünfzig Jahre deutsch-israelische Beziehungen, Spektrum der Wissenschaft, April 2015, S. 56.

Horner, Heinz (2011): Fakultät für Physik und Astronomie, in: Wissenschaftsatlas der Universität Heidelberg, Meusburger, Peter und Schuch, Thomas (Hg.), Knittlingen: Verlag Bibliotheca Palatina, S. 194–197.

Horner, Heinz (2018): Spingläser und Hirngespinste, in: Heidelberger Physiker berichten, Appenzeller et al. (Hg.), Heidelberg: Universitätsbibliothek Heidelberg, 2018, Bd. 5, S. 119–144.

Hübner, Klaus (2010): Gustav Robert Kirchhoff (1824–1887), das gewöhnliche Leben eines außergewöhnlichen Mannes, Ubstadt-Weiher [u. a.]: Verlag Regionalkultur.

Hüfner, Jörg (2018), Kernphysik nach der Entdeckung des Schalenmodells, in: Heidelberger Physiker berichten, Appenzeller et al. (Hg.), Heidelberg: Universitätsbibliothek Heidelberg, Bd. 2, S. 53–74.

Hunklinger, Siegfried (2017): Mein Weg nach Heidelberg, in: Heidelberger Physiker berichten, Appenzeller et al. (Hg.), Heidelberg: Universitätsbibliothek Heidelberg, Bd. 3, S. 5–74.

Hylleraas, Egil (1946): Schreiben vom 30. 4. 1946, Personalakte Jensen, Dekanat der Fakultät für Physik und Astronomie

Jensen, Johannes Hans Daniel (1946): Fragebogen vom 16. 6. 1946 im Rahmen der Entnazifizierung, Personalakte Jensen, Dekanat der Fakultät für Physik und Astronomie

Jensen, Johannes Hans Daniel (1949): Brief an M. Goeppert-Mayer vom 2. Nov. 1949, Personalakte Haxel, Fakultät für Physik und Astronomie, Heidelberg.

Karlsruhe Gen. Land. Arch. acta Heid. 744.

Kastner, Karl Wilhelm Gottlob (1810): Grundriss der Experimentalphysik, Mohr und Zimmer, Heidelberg, Bd. 1 S. VIII f, online verfügbar.

Keller, Richard August (1913): Geschichte der Universität Heidelberg im ersten Jahrzehnt nach der Reorganisation durch Karl Friedrich 1803–1813, Heidelberg: Winter.

Koester, L. (1980): Zum unvollendeten ersten deutschen Kernreaktor 1942/1944, Naturwissenschaften, Heft 12, Dez. 1980. S. 573.

Kollnig, Karl (1985): Der Hofastronom Christian Mayer, in: Semper Apertus, 600 Jahre Ruprecht-Karls-Universität Heidelberg 1386–1986, Festschrift, W. Doer u. a. (Hg.), Heidelberg: Springer, Bd. I, S. 463–378.

König, Walter (1924): Georg Hermann Quinckes Leben und Schaffen, Naturwissenschaften 12, 621.

Kopfermann, Hans (1960): Aus der Arbeit der Universitätsinstitute – Zur Geschichte der Heidelberger Physik seit 1945, Heidelberger Jahrbücher IV, hrsg. von der Gesellschaft der Freunde der Universität Heidelberg e. V., Heidelberg, Berlin u. a.: Springer, S. 159.

Korte, Hermann (2009): Eine Gesellschaft im Aufbruch. Die Bundesrepublik Deutschland in den sechziger Jahren, Wiesbaden: Verlag für Sozialwissenschaften.

Krabusch, Hans (Redaktion) (1986): 600 Jahre Ruprecht-Karls-Universität Heidelberg 1386–1986; Geschichte, Forschung und Lehre; hrsg. vom Rektor d. Univ. Heidelberg. München: Länderdienst-Verlag.

Kraft, Siegfried (2018): Private Mitteilung.

Lemke, Dietrich (2011): Im Himmel über Heidelberg: 40 Jahre Max-Planck-Institut für Astronomie in Heidelberg (1969–2009), Berlin: Archiv der Max-Planck-Gesellschaft.

Lenard, Philipp (1942): Deutsche Physik, München: Lehmann.

Lenard, Philipp (2010): Erinnerungen eines Naturforschers, kritisch annotierte Ausgabe des Originaltyposkriptes von 1931/1943, Schirrmacher, Arne (Hg.): Berlin, Heidelberg: Springer.

Lessing, Hans-Erhard (1985): Technologien an der Universität Heidelberg, in: Semper Apertus, 600 Jahre Ruprecht-Karls-Universität Heidelberg 1386–1986, Festschrift, W. Doerr u. a. (Hg.), Heidelberg: Springer, Bd. II, S. 105–130.

Maier-Leibnitz, Heinz (1985): Walther Bothe (1891–1957), in: Semper Apertus, 600 Jahre Ruprecht-Karls-Universität Heidelberg 1386–1986, Festschrift, W. Doerr u. a. (Hg.), Heidelberg: Springer, Bd. III, S. 406–415.

Marsilius <de Inghen> (1484): Abbreviationes libri physicorum, Pavia: Antonius de Carcanus, nicht vor 1484.

Melanchthon, Philipp (1550): Initia Doctrinae Physicae: Dictata in Academia Vuitebergensi / Philip. Melanth.. - Iterum edita. - Witebergae: Lufft.

Melanchthon, Philipp (1560): Brief an den Rektor und Senat der Universität Heidelberg vom 1. Januar 1560, mitgeteilt und übersetzt von Dr. Christine Mundhenk, Melanchthon Forschungsstelle der Akademie der Wissenschaften, Heidelberg

Memorandum über die Bausituation der Physik an der Universität Heidelberg (1960), Personalakte Otto Haxel, Fakultät für Physik und Astronomie.

Mittler, Elmar (Hg.) (1986): Bibliotheca Palatina, Ausstellung der Universität Heidelberg in Zusammenarbeit mit der Bibliotheca Apostolica Vaticana; Katalog (Textband und Bildband) zur Ausstellung vom 8. Juli bis 2. November 1986, Heiliggeistkirche Heidelberg, Heidelberg: Braus.

Moutchnik, Alexander (2006): Forschung und Lehre in der zweiten Hälfte des 18. Jahrhunderts: Der Naturwissenschaftler und Universitätsprofessor Christian Mayer SJ (1719–1783), Augsburg: Rauner.

Munke, Georg, Wilhelm (1829): Handbuch der Naturlehre, Bd. 1 Experimentalphysik, Heidelberg: Winter.

Nachruf Filthuth (2016), http://cerncourier.com/cws/article/cern/64686 [30.11.18].

Nachruf Schmelzer (2001): GSI trauert um ihren ersten Wissenschaftlichen Direktor, https://www.gsi.de/start/aktuelles/detailseite////gsi-trauert-um-ihren-ersten-wissenschaftlichen-direktor.htm [30.11.18].

Neumann, Reinhard; Putlitz, Gisbert zu (1985): Philipp Lenard (1862–1947), in: Semper Apertus, 600 Jahre Ruprecht-Karls-Universität Heidelberg 1386–1986, Festschrift, W. Doerr u. a. (Hg.), Heidelberg: Springer, Bd. III, S. 376–405.

Nickel, Dietmar (1989): Es begann in Rehovot. Die Anfänge der wissenschaftlichen Zusammenarbeit zwischen Israel und der Bundesrepublik Deutschland, Europäisches Komitee des Weizmann Institute of Science.

Ordo (1661): Ordo Lectionum Collegiorum aliorumque exercitiorum academicorum (...) in incluta Universitate Archipalatina, ab Autumno Anni MDCLXI, Zentralbibliothek Zürich, Ms F 79, fol 235. Übersetzung Prof. Dr. Reinhard Düchting.

Päs, Heinrich (2018)**:** Der alte Mann und das Multiversum – ein Nachruf auf H. Dieter Zeh, https://scilogs.spektrum.de/das-zauberwort/der-alte-mann-und-das-multiversum-ein-nachruf-auf-h-dieter-zeh/ [30.11.18].

Picht, Georg (1964): Die deutsche Bildungskatastrophe: Analyse und Dokumentation. Olten und Freiburg i. Brg: Walter.

Pietsch, Peter; Hegel, Ulrich (1960): Daten zur Geschichte der Physik an der Universität Heidelberg, Heidelberg, unveröffentlichtes Typoskript.

Planck, Max (1990): Wissenschaftliche Selbstbiographie; mit Dokumenten zu ihrer Entstehungsgeschichte (1943–1948), ausgew. u. erl. von Wieland Berg, Acta historica

Leopoldina 19, Dt. Akad. d. Naturforscher Leopoldina, Halle.

Platt, Ulrich (2018): Von Höhenstrahlquarks zur Atmosphärenforschung – Ein Weg zur Umweltphysik, in: Heidelberger Physiker berichten, Appenzeller et al. (Hg.), Heidelberg: Universitätsbibliothek Heidelberg, Bd. 5, S. 145–169.

Povh, Bogdan (2018): Von dem kleinen Van de Graaf zu der großen HERA, in: Heidelberger Physiker berichten, Appenzeller et al. (Hg.), Heidelberg: Universitätsbibliothek Heidelberg, Bd. 2, S. 75–98.

Putlitz, Gisbert zu (2018): Von der »Kammermusik« zur Großforschung, gefolgt von: Rektor des großen Universitätsjubiläums, in: Heidelberger Physiker berichten, Appenzeller et al. (Hg.), Heidelberg: Universitätsbibliothek Heidelberg, Bd. 2, S. 99–156.

Quincke, Georg (1885): Zur Geschichte des Physikalischen Instituts der Universität Heidelberg, Heidelberg: Hörnig.

Ramsauer, Carl (1949): Physik, Technik, Pädagogik: Erfahrungen und Erinnerungen, Karlsruhe: Braun.

Rechenberg, Helmut (1994): Hermann von Helmholtz: Bilder seines Lebens und Wirkens, Weinheim [u. a.]: VCH.

Ritter, Gerhard (1936): Die Heidelberger Universität, Band 1: Das Mittelalter (1386–1508), Heidelberg: Winter.

Schaifers, Karl (1985): Max Wolf (1863–1932), in: Semper Apertus, 600 Jahre Ruprecht-Karls-Universität Heidelberg 1386–1986, Festschrift, W. Doerr u. a. (Hg.), Heidelberg: Springer, Bd. III, S. 99–113.

Schlüpmann, Klaus (1963): Vergangenheit im Blickfeld eines Physikers, Hans Kopfermann 1885–1963, http://www.aleph99.org/etusci/ks/ [30.11.18].

Schmidt-Rohr, Ulrich (1996): Erinnerungen an die Vorgeschichte und die Gründerjahre des Max-Planck-Instituts für Kernphysik Heidelberg, Heidelberg.

Schneider, Franz (1913): Geschichte der Universität Heidelberg im ersten Jahrzehnt nach der Reorganisation durch Karl Friedrich (1803–1813), Heidelberg: Winter.

Schönbeck, Charlotte (2006): Physik, in: Die Universität Heidelberg im Nationalsozialismus, W. U. Eckart u. a. (Hg.), Heidelberg: Springer, S. 1087–1149.

Schönbeck, Charlotte (2017): Radikaler Wandel – Philipp Lenard (1862–1947) in der Zeit des Ersten Weltkrieges, in: Die Universität Heidelberg und ihre Professoren während des Ersten Weltkrieges, I. Runde (Hg.), Heidelberg: Winter, S. 297–336.

Schultz-Coulon, Verena (2017): Die Zahlen für die Studierenden ab 1970 stammen von der Universitätsverwaltung. Die Ursache für die kleinen Unstimmigkeiten in der Berechnung der Gesamtzahl liegt in einigen Fällen, die nicht zugeordnet werden konnten. Für das Wintersemester 63/64 wurde die Zahl der Studierenden einer Liste der Fakultät entnommen.

Schwarz, Michael (1999): 25 Jahre Umweltphysik in Heidelberg, https://idw-online.de/de/news12600 [30.11.18].

Solf, Josef (2003): Nachruf auf Hans Elsässer (1929–2003), Mitteilungen der Astronomischen Gesellschaft, Bd. 86 (2003), S. 5.

Specht, Hans Joachim (2017): 60 Jahre Physik – Faszination der Vielfalt, in: Heidelberger Physiker berichten, Appenzeller et al. (Hg.), Heidelberg: Universitätsbibliothek Heidelberg, Bd. 3, S. 97–150.

Stech, Berthold (2017), Elementare Teilchen und Kräfte der Physik – Verständnis und Probleme gestern und heute, in: Heidelberger Physiker berichten, Appenzeller et al. (Hg.), Heidelberg: Universitätsbibliothek Heidelberg, Bd. 1, S. 169–198.

Strukturplan (2001): Strukturplan der Fakultät für Physik und Astronomie an der Ruprecht-Karls-Universität Februar 2001.

Thorbecke, August (1886): Die älteste Zeit der Universität Heidelberg 1386–1449, Heidelberg: Koester.

Thorbecke, August (1891): Statuten und Reformationen der Universität Heidelberg vom 16. bis 18. Jahrhundert, Leipzig: Duncker & Humblot.

Urteil (1973): Erlassen in erster Instanz im Prozess gegen Heinz Filthuth, Personalakte Filthuth, Dekanat der Fakultät für Physik und Astronomie.

Walther, Friedrich (Bearbeiter) (1907): Geschichte Mannheims von den ersten Anfängen bis zum Übergang an Baden (1802), Mannheim: Verlag der Stadtgemeinde.

Wegner, Franz (2017): Phasenübergänge, Renormierung und Flussgleichung, in: Heidelberger Physiker berichten, Appenzeller et al. (Hg.), Heidelberg: Universitätsbibliothek Heidelberg, Bd. 3, S. 151–172.

Weidenmüller, Hans-Arwed (2015): Nuclear physics in Heidelberg in the years 1950 to 1980. Personal recollections, The European Physical Journal H, Bd. 40 (2015), S. 279.

Weidenmüller, Hans-Arwed (2018): Physikprofessor in Heidelberg, Persönliche Reminiszenzen, in: Heidelberger Physiker berichten, Appenzeller et al. (Hg.), Heidelberg: Universitätsbibliothek Heidelberg, Bd. 2, S. 157–183.

Weis, Olaf (1987): Konrad Tamm 1913–1986, J. Acoust. Soc. Am., Bd. 81 (1987), S. 196.

Weisskopf, Viktor (1963): Rede zum Gedenken an Hans Kopfermann, Heidelberg, Personalakte Kopfermann, Dekanat der Fakultät für Physik und Astronomie.

Wielen, Roland (2000): Das Kalenderpatent vom 10. Mai 1700 und die Geschichte des Astronomischen Rechen-Instituts. https://web.archive.org/web/20070720080551/http://www.ari.uni-heidelberg.de/geschichte/jub300/anspr/anspr.htm [30.11.18].

Wielen, Roland (2017): Als Astronom in Berlin und Heidelberg, und das je zweimal, in: Heidelberger Physiker berichten, Appenzeller et al. (Hg.), Heidelberg: Universitätsbibliothek Heidelberg, Bd. 3, S. 173–218.

Winkelmann, Eduard (Hg.) (1986): Urkundenbuch der Universität Heidelberg, 1. Urkunden, Heidelberg: Winter.

Wolgast, Eike (1986): Die Universität Heidelberg: 1386–1986, Berlin, Heidelberg u. a.: Springer.

Wolgast, Eike (1987): Die Sechshundertjahrfeier der Ruprecht-Karls-Universität Heidelberg: eine Dokumentation, hrsg. im Auftrag des Rektors, Heidelberg: Braus.

Abbildungsnachweise

Abkürzungen: *MPIK: Max-Planck-Institut für Kernphysik Heidelberg; PI: Physikalisches Institut der Universität Heidelberg; UAH: Universitätsarchiv Heidelberg; UBH: Universitätsbibliothek Heidelberg*

Frontispiz: Heintze; Familie Heintze privat

Abb. 1.1: Oresme; Miniatur aus N. Oresme: *Traité de l'esphère*; Bibliothèque Nationale, Paris

Abb. 1.2: Marsilius von Inghen; Zeichnung des »Herrn Franken« für ein 1811 erschienenes Buch von Aloys Schreiber: *Heidelberg und seine Umgebungen*; UAH, Gra I 00026

Abb. 1.3: Großes Siegel der Universität Heidelberg von 1386; UAH, SG 5

Abb. 1.4: Matrikelbuch: Universitätsarchiv Heidelberg, UAH M1

Abb. 1.5: Ausschnitt aus dem Kupferstich Haidelberga (Ansicht der Stadt Heidelberg von Norden) von Merian: Grafische Sammlung der Universitätsbibliothek Heidelberg, Graph. Slg. I,63

Abb. 1.6: »Hohe Schul zu Heydelberg«; Holzschnitt aus S. Münsters *Cosmographia* von 1578; UAH, BA Pos I 03570

Abb. 1.7: Sacrobosco; Stich aus dem Jahr 1584; Wellcome Images

Abb. 2.1: Melanchthon; Kupferstich 1526 von A. Dürer; Wikipedia

Abb. 2.2: Titelseite des Buchs von Alfraganus: *Chronologica et astronomica elementa*, 1590; UBH, G 2230-96 RES

Abb. 2.3: Leuneschlos; Kupferstich von A. H. de Vos und J. Schweizer; UBH, Graph. Slg. P_0135

Abb. 3.1: Kurfürst Karl Theodor; Gemälde von J. G. Ziesensis ca. 1755; Kurpfälzisches Museum Heidelberg

Abb. 3.2: Mayer; Gedenkmedaille hergestellt 1783 von H. H. Boltshauser, UBH, EVZ 1992/1822

Abb. 3.3: Jesuitenkirche; Lithographie von L. Sizler, um 1850; Landesarchiv Baden-Württemberg / GLAK J-B Heidelberg, Nr. 4

Abb. 3.4: Titelseite des Buches von C. Mayer Christian und F. J. Schwarz: *Altitudo Poli Speculae Electoralis Astronomicae*, 1766; UBH, 36,141 RES

Abb. 3.5: Sternwarte Mannheim; Zeichnungen aus J. L. Klüber: *Die Sternwarte zu Mannheim*, Mannheim 1811

Abb. 3.6: Mauerquadrant; aus Joh. A. Repsold: *Zur Geschichte der astronomischen Messwerkzeuge*, Leipzig, 1908

Abb. 3.7: Palais Weimar; Stahlstich von E. Willmann um 1845; aus Archiv »Deutschland und die Welt«, Wikimedia Commons

Abb. 3.8: Karl von Baden; Kupferstich von B. Hübner 1791; Reiss-Engelhorn Museen, Mannheim

Abb. 3.9: Zwei Seiten aus dem Buch von K. W. G. Kastner: *Grundriß der Experimentalphysik*, Band 1 UBH, O 4168::1

Abb. 3.10: Gmelin; J. Woelfyle pinxt. G. Cook sculp., 19. Jahrhundert, genaues Datum unbekannt, Wikimedia Commons

Abb. 3.11: Muncke, Zeichner unbekannt, 17. Jh.; Wikipedia

Abb. 3.12: Ehemaliges Dominikanerkloster: UAH, BA Pos I 03495

Abb. 3.13: Nachruf Munke; J. Lüroth in *Bad. Biogr.* Bd. II, 1875, S. 94 Badische Landesbibliothek Karlsruhe

Abb. 3.14: Gasthermometer; Sammlung historischer Instrumente und Geräte am PI, Fotograf: Tom Turczyk

Abb. 3.15: Haus zum Riesen; Postkarte um 1900; UAH, BA Pos I 03514

Abb. 3.16: Friedrichsbau; Postkarte um 1900; UAH, BA Pos I 03522

Abb. 3.17: Bunsen; Foto um 1890; UAH, BA Pos I 00389

Abb. 3.18: Kirchhoff; Smithsonian Libraries

Abb. 3.19: Spektrometer; Sammlung historischer Instrumente und Geräte am PI, Fotograf: Tom Turczyk

Abb. 3.20: Helmholtz; Foto um 1894, UAH, BA Pos I 01306

Abb. 3.21: Farbenklavier; Sammlung historischer Instrumente und Geräte am PI, Fotograf: R.Nonnenmacher

Abb. 3.22: Eötvös; Zeichnung von Gustav Morelli 1889; Wikimedia Commons

Abb. 3.23: Quincke; UBH, Graph. Slg. P_1813

Abb. 4.1: Wolf; Foto; Landessternwarte Heidelberg

Abb. 4.2: Nordamerikanebel; Landessternwarte Heidelberg

Abb. 4.3: Lenard; Foto um 1905; The Nobel Foundation

Abb. 4.4: Gebäude des Physikalischen Instituts; UAH, BA Pos_I_03640

Abb. 4.5: Laborraum; PI

Abb. 4.6: Großer Hörsaal; PI

Abb. 4.7: Lenards »Drudenfuß«; Sammlung Historische Instrumente und Geräte des PI

Abb. 4.8: Bothe; Foto 1936; Archiv der Max-Planck-Gesellschaft, Berlin-Dahlem, Bild-Nr. I/2, 1936

Abb. 5.1: Brief Einstein an Bothe; im Besitz des Deutschen Museums, München, © Hebrew University, Jerusalem

Abb. 5.2: Bothe, Haxel, Kopfermann; PI

Abb. 5.3: Villa Merton; Fotografin Ingeborg Klinger, Stadtarchiv Heidelberg

Abb. 5.4: Goeppert-Meyer und Jensen; MPIK

Abb. 5.5: Telegramm; Institut für Theoretische Physik der Universität Heidelberg

Abb. 5.6: Fasching; Berthold Stech privat
Abb. 5.7: Gentner; Archiv der Max-Planck-Gesellschaft, Berlin-Dahlem, Bild-Nr. I/21, undatiert
Abb. 5.8: Kienle; Landessternwarte Heidelberg
Abb. 6.1: Verteilung der Doktoranden; Graphik; Daten der Fakultät für Physik und Astronomie
Abb. 6.2: Wessels Abschiedskolloquium; Berthold Stech privat
Abb. 6.3: Beschleuniger; Foto etwa 1965; CERN
Abb. 6.4: de-Shalit; MPIK
Abb. 6.5: Weizsäckers und zu Putlitz; Archiv Welker, Heidelberg
Abb. 7.1: Heintze; Familie Heintze privat
Abb. 7.2: JADE Detektor; PI
Abb. 7.3: Nachweis des Gluons; JADE-Kollaboration / DESY
Abb. 7.4: Tandem Beschleuniger; MPIK
Abb. 7.5: Tumor Bestrahlung; GSI, Fotograph Achim Zschau
Abb. 7.6: Stech; Berthold Stech privat
Abb. 7.7: Weidenmüller; MPIK
Abb. 7.8: Wegner; PI, Fotograf: Tom Turczyk
Abb. 7.9: Halbrelief Jensen; PI Fotograf: Tom Turczyk
Abb. 7.10: Villa Bergius; Stadtarchiv Heidelberg, Foto: Ingeborg Klinger
Abb. 7.11: Schmelzer, GSI, Fotograf Achim Zschau
Abb. 7.12: UNILAC; GSI, Fotograf Achim Zschau
Abb. 7.13: CDHS-Neutrino Detektor; CERN
Abb. 7.14: Münnich; UAH BA Neg I 07000, Fotograf: Michael Schwarz
Abb. 7.15: ^{14}C Konzentration; Institut für Umweltphysik, Zeichnung: Ingeborg Levin; Messdaten: Samuel Hammer
Abb. 7.16: Elsässer; Max-Planck-Institut für Astronomie
Abb. 7.17: Teleskope der Südsternwarte; ESO
Abb. 7.18: Fokalebene Teleskop; ESO
Abb. 7.19: GAIA-Satellit; ESA

Personenregister

S

T

U

V

W

X

Z